云南松截干促萌及激素调控研究

蔡年辉　陈林　许玉兰　等著

化学工业出版社

·北京·

内容简介

《云南松截干促萌及激素调控研究》鉴于截干高度的重要性以及激素在截干促萌中的启动、调控和纽带作用，并规避年龄效应，以云南松幼苗为试验材料、以截干高度为试验因子，基于田间试验结果，分析萌枝能力对截干高度的响应规律，激素含量、比值对截干的响应规律及其与萌枝能力的关系，激素合成代谢、信号转导通路相关基因表达对截干的响应规律及其与萌枝能力的关系。采用外源激素喷施进行验证，进一步厘清激素与萌枝能力调控之间的关系。通过研究，确定最有利于萌枝潜力发挥的适宜留桩高度，并从生态、生理、激素、基因表达多个层次联合揭示适宜截干高度形成的机制。

本书可供高等院校的林学、农学、植物学专业的师生参考，也可供农林类科研院所相关专业研究人员参考使用。

图书在版编目（CIP）数据

云南松截干促萌及激素调控研究/蔡年辉等著. —北京：化学工业出版社，2023.5

ISBN 978-7-122-42926-1

Ⅰ.①云…　Ⅱ.①蔡…　Ⅲ.①云南松-发育-研究②云南松-植物激素-研究　Ⅳ.①S791.257

中国国家版本馆CIP数据核字（2023）第027641号

责任编辑：尤彩霞　　装帧设计：韩　飞
责任校对：李露洁

出版发行：化学工业出版社（北京市东城区青年湖南街13号　邮政编码100011）
印　　装：北京科印技术咨询服务有限公司数码印刷分部
710mm×1000mm　1/16　印张10　字数163千字　2023年7月北京第1版第1次印刷

购书咨询：010-64518888　　售后服务：010-64518899
网　　址：http://www.cip.com.cn
凡购买本书，如有缺损质量问题，本社销售中心负责调换。

定　　价：68.00元

本书著作者名单

蔡年辉　陈　林　许玉兰　王昌命

陈　诗　贺　斌　唐军荣　李亚麒

李根前　孙继伟

前言

云南松（*Pinus yunnanensis* Franch.）是我国云贵高原的主要乡土树种和重要用材树种，在分布区域内林业生产和生态经济建设中占有重要的地位，其良种选育工作一直受到高度重视。但是，遗传改良几乎沿着种子园体系进行，呈现育种周期长、单位时间遗传增益小、种子产量低而不稳、后代分化强烈等问题，贯彻执行“有性创造、无性利用”的育种方针是解决这些问题的必由之路。目前，云南松的无性利用相关研究主要集中在扦插繁殖技术方面，采穗圃（截干促萌）的研究鲜见。

为了揭示云南松截干促萌的激素调控机制，本研究以云南松萌枝发生和生长对截干高度的响应规律为基础，以基因、激素变化与萌枝能力关系为核心，探讨截干促萌的激素调控机制。本研究主要内容包括：

① 通过萌枝能力、生物量以及养分投资与分配对截干的时空响应规律分析，探讨萌枝发生、生长的生理生态调控机制；

② 通过内源激素特征对截干的响应规律以及内源激素特征与萌枝能力的因果关系分析，探讨萌枝能力的激素调控机制；

③ 通过激素合成、代谢和信号转导基因表达对截干的响应规律以及基因表达与萌枝能力的因果关系分析，探讨激素调控萌枝能力的基因表达机制；

④ 通过截干后的激素喷施试验，验证萌枝能力对激素的响应规律。

本书综合这些生态、生理、激素、基因表达研究结果，从不同层次系统揭示云南松截干促萌的激素调控机制，并为适宜截干高度的确定提供理论依据。本研究工作历时数年，发表相关学术论文 10 余篇，在此基础上，编者撰写了本书。

本研究工作室外业务部分在云南吉成园林科技股份有限公司开展，得到该单位和李伟高级工程师的大力支持与帮助，特别感谢！同时，感谢中国林业科学研究院高原林业研究所张燕平研究员、崔凯研究员以及西南林业大学王晓丽教授、李贤忠教授、姚增玉教授、田斌教授、段安安教授、石卓功教授、王大玮副教授等在试验方案、数据分析和论文撰写过程中的悉心指导和无私帮助。试验过程中感谢曹子林、李甜江、徐德斌、白双成等的支持与帮助，试验布设和数据采集中得到孙继伟、汪梦婷、李江飞、王丹、李熙颜、朱雅静、王瑜、颜廷雨、韦祥根、岩七、蜂玉仙、李静等的大力帮助，在此一并感谢！

本书著作者分工如下：

总体策划：蔡年辉，李根前。

田间试验布设与实施：蔡年辉，许玉兰，王昌命，贺斌，李根前。

形态指标调查：蔡年辉，陈林，许玉兰，王昌命，陈诗，李亚麒，孙继伟。

生理生化指标测定：蔡年辉，陈林，唐军荣，陈诗，贺斌，许玉兰。

基因表达测定与分析：蔡年辉，陈林，唐军荣。

本研究得到了国家自然科学基金项目（31760204、31860203）、云南省万人计划青年拔尖人才专项（YNWR-QNBJ-2019-075）的资助，研究工作在西南山地森林资源保育与利用教育部重点实验室、西南地区生物多样性保育国家林业和草原局重点实验室、云南省高校林木遗传改良与繁育重点实验室完成，在此表示谢忱！

由于时间仓促和作者水平所限，书中不足与遗漏在所难免，恳请读者批评指正！

蔡年辉

2022 年 12 月于昆明

目录

第1章

研究背景

植物在完成生活史的过程中，常常面临火灾、干旱、人为干扰等逆境条件，在进化过程中形成相应的繁殖适应机制。萌芽更新是植物体受物理损伤后自我修复的重要手段，也是种群延续与稳定得以保持的重要方式（党承林，1998）。植物受物理损伤后的萌枝更新，不仅对植物生存环境干扰较小，还可以提升其对逆境的适应能力，在次生植被的功能恢复以及重建方面存在重要价值，萌蘖更新研究越来越受到重视（Moreira et al，2012；Ferraz et al，2014；Keyser et al，2014）。由于留桩具有发育完整的根系系统，伐桩后植株的根冠比上升，伐桩可提高地下部分的养分供应能力（郑士光等，2010；董雪，2013；Knapp et al，2017），伐桩后分枝增多，叶面积指数增大，叶片中叶绿素和含水量增加，光合速率和水分利用效率提高，植株恢复生长的潜力增加（刘志芳等，2016；于文涛，2016；郭月峰等，2021；杜丹丹，2021），产量和经济效益提高（耿兵等，2020；王兰英等，2020）。木本植物具有较高的根冠比，地上组织破坏后其分生组织中内源激素含量的变化比其他植物更为剧烈，促使萌枝大量发生（于文涛，2016）。截干（平茬）可以提高穗条数量和腋芽萌发率（徐肇友等，2017；龙伟等，2019），成枝率和可作接穗枝比例显著提高（廖东等，2019），萌枝用于扦插具有生根早、生长快、树体直立等特点（Cobb et al，1985），在苗木生产中应用广泛（龙伟等，2019；陈琴等，2021），常用于采穗圃的促萌研究（吴培衍等，2020；赵俊波等，2020）。针叶树中松类树种的扦插生根难度较大，截干（平茬）可以缩短芽与根部的距离，幼化穗条，提高穗条生根能力（叶镜中，2007；马锡权等，2016），在针叶树无性繁殖中具有重要的意义（Ross，1975；章树文，1980）。

1.1 林木截干促萌技术研究

鉴于截干（平茬）在能源林木培育、植被复壮更新和采穗圃经营等方面的重要作用，截干（平茬）促萌一直是研究的热点之一，但多数研究侧重于技术参数探索，如截干季节、高度、年龄等，为促萌的生产实践提供有力的技术支撑。

1.1.1 萌枝能力对截干季节的响应

截干（平茬）季节影响植物萌枝能力。湿加松（*Pinus elliottii×caribaea*）不同月份平茬母株产穗量差异显著（赵俊波等，2020）。马褂木（*Liriodendron chinense*）和枫香树（*Liquidambar formosana*）12月份和3月份采伐萌芽率高（朱光权等，2004），春季（3月份）麻风树（*Jatropha curcas*）进行基部截干处理可达最佳的促萌效果（刘均利等，2011）。秋末至整个冬季是巨尾桉（*Eucalyptus grandis×urophylla*）二代萌芽更新的合理采伐时期（蒋家淡，2001），杉木（*Cunninghamia lanceolata*）初春伐、冬伐和秋伐比较有利于萌条的萌蘖和成活，其中以初春伐为最佳采伐季节（丁国华和叶镜中，1995；丁国华等，1996；王改萍，2000）。白梨（*Pyrus bretschneideri*）截干更新应在休眠期（落叶后至萌芽前）进行，生长季截干萌发新枝效果较差（王田利，2020）。在休眠季节平茬比春末或夏季容易产生萌条，且萌条比较健壮（方升佐等，2000；王林，2016；吉小敏等，2016）。由此说明，适宜截干（平茬）的时间多以休眠期或初春为宜，不仅萌枝数量较多，萌枝质量也比较高。由于不同季节截干时其气候因子存在较大差异，不仅影响植物的休眠和生长，还会影响植物内源激素含量与比值、营养物质储存等，进而影响植物萌枝的能力。杉木初春伐桩萌芽内促进生长类激素高于抑制类，夏季激素的比例则刚好相反（田晓萍，2008），夏季气温和地温已升高，限制植株根系合成细胞分裂素，导致萌枝数量减少（魏怀东等，2007）。初春和冬季采伐的萌芽内含氮量最高，氨基态氮浓度也最高，萌发势最强（丁国华等，1996；王改萍，2000；叶镜中，2007）。萌枝的早期生长依赖于母树桩内的糖分和矿物质（方升佐等，2000；刘志龙，2010），非生长季节植株大部分营养物质储存在树体下部，而生长季节营养物质主要供应冠层的生长（刘国谦和张俊宝，2008），春末或夏季树体内贮藏的营养物质水平最低（刘志龙，2010）。生长季代谢旺盛，植株砍伐后产生伤流而损失营养物质（黄怀青，1998），其生长生理指标低于休眠期平茬后植株（汪丽娜，2017）。另外，春季树体活跃，有利于促进新梢的伸长生长和粗生长，从而提高穗条数量和质量（胡勐鸿等，2012；李根秋和安珍，2014）。对大多数植物来说，春末或夏季不适宜进行平茬，合理的平茬时间还应依据当地气候条件、土壤类型和长势等情况确定（刘国谦和张俊宝，2008；刘思禹，2018）。

由此表明，由于气温和生长发育状态差异，不同截干（平茬）季节会影响植物体内激素和营养物质水平，进而影响植物的萌枝能力，以休眠期或春季平茬为宜。

1.1.2 萌枝能力对截干高度的响应

截干高度是影响新枝萌发的最主要因素（黄开勇，2016）。研究表明，不同截干（平茬）高度显著或极显著影响单株萌条数，对穗条长度和粗度的影响较为明显（侯潇棐等，2020；刘振湘等，2020；杨保国等，2021）。截干（平茬）高度与萌枝数量之间关系相对比较复杂，尚未有相对统一的结论，主要受树种的生物学特性影响。李景文等（2005）根据树种的萌芽更新能力分为线性和非线性类型，即对数型、直线型和指数型。研究表明，小叶杨（*Populus simonii*）、米老排（*Mytilaria laosensis*）、枫香树等的萌枝数量与截干高度呈正相关趋势（方升佐等，2000；胡文杰等，2020；刘振湘等，2020；肖祖飞等，2020）；而辽东楤木（*Aralia elata*）、水曲柳（*Fraxinus mandshurica*）、杉木伐桩高度与萌枝数量呈负相关（荆涛等，2002；满源，2019；杨保国等，2021）；湿地松（*Pinus elliottii*）、巨尾桉伐桩高度与萌枝数量呈现先升后降趋势（许秀环等，2014；沈云等，2013）。不同截干高度处理萌枝特性的差异，与伐桩的水分、养分的存储情况及伐桩自身对水分、养分的运输动力有关（林阳等，2019），与伐桩上的萌芽点数量有关（刘志龙，2010）。截干高度不仅影响萌枝数量，还影响萌枝长度和基径。不同平茬高度对银白杨（*Populus alba*）枝长、基径影响显著（侯潇棐等，2020），平茬高度为100cm处理树头菜（*Crateva unilocularis*）萌枝效果最好，其枝粗、枝长等生长指标相比其他处理效果最优（郑鑫华等，2021），多年生花棒（*Corethrodendron scoparium*）平茬高度20cm处理萌枝数、新梢长、新梢粗均最高，显著高于其他处理（唐兴玉和陵军成，

2017），合欢（*Albizia julibrissin*）萌条生长量与截干高度呈负相关，且相关关系较紧密，二者直线回归也极显著（张元帅等，2015）。

由此表明，截干（平茬）高度显著影响植物萌枝能力和萌枝质量，但不同树种间的差异较大。

研究表明，过高和过低的截干（平茬）高度都不利于新枝的萌发和生长（高茜茜，2018；魏亚娟等，2019；侯潇棐等，2020）。截干（平茬）高度太高，萌芽容易集中在伐桩的上半截，下半截萌芽减少，萌芽数量有减少趋势（沈云等，2013）；过高的伐桩本身也要消耗较多养分，提供给萌蘖发生的养分相对减少，进而导致萌枝数量减少（冉洁等，2018；魏亚娟等，2019）；切口迎风失水较多，容易干枯死亡（唐兴玉和陵军成，2017）。截干（平茬）高度过低，伐桩中营养物质贮藏不足，植株保留叶少，光合作用减弱，吸收水肥能力下降，伐桩上的休眠芽的数量较少，萌芽抽枝能力下降，严重的还会影响母株成活（来端，2001；李婷婷，2011；唐兴玉和陵军成，2017；高茜茜，2018）。结合萌枝数量和萌枝生长量，也有学者对最佳截干高度进行探讨（许秀环等，2014；高茜茜，2018；侯潇棐等，2020），不同树种的最佳截干高度各不相同。适宜的截干（平茬）高度除考虑萌枝能力外，还要考虑截干（平茬）促萌目的。针叶树普遍存在年龄和位置效应，其采穗圃截干（平茬）促萌时，还要考虑伐桩高度对萌枝生根潜力的影响。据“部位效应”原理，休眠芽与根系之间的距离影响芽的发育阶段，距离越短，芽的发育阶段越年幼，不易出现所谓的熟化现象（叶镜中，2007），适当降低伐桩的高度，是阻滞、延缓老龄化进程的一种行之有效的措施（王笑山等，1995）。交趾黄檀（*Dalbergia cochinchinensi*）采穗圃能够通过降低伐桩来保持采穗母株的幼龄状态，修剪高度低于5cm，以克服成熟效应（吴培衍等，2019；吴培衍等，2020）。加勒比松（*Pinus caribaea*）平茬高度低的幼化效果显著（Haines，1993）。湿加松采穗母株采用矮干株型比高干株型的穗条扦插成活率高（马锡权等，2016）。杉木最年幼、活力最强的休眠芽是位于地表以下的部位，尽量降低伐桩的高度，留桩高度不宜超过5cm（高健等，1995；俞新妥，1997）。因此，松树等扦插生根相对困难的树种，采穗圃截干高度不仅要考虑对萌枝能力的影响，还应考虑萌枝的幼化情况。

1.1.3 萌枝能力对截干母株年龄的响应

植物的萌生力主要取决于植物本身的生物学特性，尤其与植株的大小和年龄有关（Neke et al，2006；Clarke et al，2013），许多植物的萌枝能力在同一个体不同发育阶段也表现出差异，在幼年阶段具有萌芽更新能力，而在成年阶段则丧失萌芽更新能力（Bellingham and Sparrow，2000）。幼年个体的萌蘖能力是物种繁殖策略的补充，而成年个体的萌蘖行为是其潜在萌蘖能力持续性的一种表现（Bond and Midgley，2001）。6 周龄的银杏（*Ginkgo biloba*）幼苗在茎干受损后即可产生萌条（Del Tredici，1992），辽东栎（*Quercus wutaishanica*）幼苗（1 ～ 3 年）的萌生能力随着幼苗年龄的增大而增大（苗迎权等，2015），这说明年龄较小的母株具有较强的萌芽更新能力。休眠芽和不定芽萌发产生新的萌枝，休眠芽起源于原生分生组织，其数量有限，且随着植物的生长发育而慢慢减少（李景文等，2000），萌芽能力也随着植物的衰老而下降（Randall et al，2005）；不定芽起源于植物的次生分生组织，植物产生不定芽的能力随年龄增长而下降（李景文等，2000）。由此说明，休眠芽和不定芽数量随植物年龄的增长而下降，其萌芽能力随之下降，导致母株萌枝更新能力也逐渐下降。研究表明，植物的萌芽能力随伐桩年龄的增大而逐渐下降（刘立波等，2012；田野等，2012；杨旭等，2017），湿加松母株一般 3 年以后就开始逐渐衰老，穗条产量增长慢（马锡权等，2016），5 年后交趾黄檀母株出现萌芽能力差（吴培衍等，2019），马尾松（*Pinus massoniana*）萌发数量与树龄呈负相关关系，树龄越小，萌发的穗条数越多（朱亚艳等，2018）。除此之外，树皮随植物生长发育逐渐增粗和变硬，坚硬树皮可能会夹伤和割裂位于形成层的休眠芽，导致休眠芽死亡（叶镜中和姜志林，1989；Lockhart et al，2007）。由于伐桩萌枝更新的可能性具有较大差异，母株截干（平茬）年龄阈值仍然难以确定（Ward et al，2018）。植株的萌蘖能力与截干母株年龄密切相关，随母株年龄增大可能会下降，这可能与树种的生态适应对策有关。

截干母株年龄不仅影响其萌枝能力，还影响其萌枝扦插生根的潜力。松类树种扦插生根率随着母树年龄的增长呈逐渐下降趋势，晚松（*Pinus serotina*）以两年生实生苗扦插生根率最高（高茜茜，2018），思茅松（*Pinus kesiya* var. *langbianensis*）和湿地松 1 年生母株穗条扦插成活率最高（李婷婷，2011；唐红燕等，2012），母株年龄超过 4 年以后的穗条扦插的生根率急剧下降（唐红燕等，2012；张志松，2017；陆邦义和何可权，2018）。因此，随着母株年龄增加，截干（平茬）后的萌枝能力呈下降趋势，其产生的萌条扦插生根率也呈下降趋势。对于扦插生根较为困难的树种来说，母株平茬年龄以年幼时为宜。

1.1.4 萌枝能力对截干代次的响应

不同代次萌芽更新的持续能力大小与芽的萌发能力、根系的存活情况、地力的下降等方面密切相关（田野等，2012）。研究表明，随截干（平茬）代次的增加，伐桩逐渐老化，植物的萌芽能力呈逐渐下降趋势（方升佐等，2000；刘立波等，2012；杨旭等，2017）。沙柳（*Salix psammophila*）连续平茬对萌枝生长量的负面影响逐代增加，枯枝数量也逐代增加，连续5次平茬后沙柳长势衰退的趋势比较明显（德永军等，2021），厚朴平茬3次后大部分根系逐渐腐烂，失去利用价值（杨旭等，2017）。地上部分的多次移除会减少植株光合器官，回流根系的养分也下降，造成下一代次根系生长量降低和水肥供应能力下降（易青春等，2013；刘向鸿和席忠诚，2015；何志瑞等，2016）。母树根系中贮藏的营养物质是植株萌生过程中营养元素循环的重要组成部分（Gurvich et al，2005），多次采伐会导致伐桩根系营养供应下降，而且不断重复采伐大大增加病菌侵染和内部生理失调的危险，可能导致伐桩死亡（Strong，1989）。多代剪穗，伐桩会越来越高，由其繁殖的苗木成熟效应会越明显，还会影响林木后期生长（吴培衍等，2019）。较为适合的平茬更新代次为2～4次（刘向鸿和席忠诚，2015；何志瑞等，2016；杨旭等，2017），因树种而异。也有研究得出不同观点，多次截干（平茬）会导致创口面积增加，从而刺激较多的休眠芽萌发（Hytönen and Issakainenb，2001），萌芽能力比较强的树种，采伐次数不会显著影响其萌芽更新的能力，但影响后期的生长（黄世能等，1995；德永军等，2021）。

因此，对大多数树种来说，截干（平茬）代次影响母株年龄和根系养分供应能力，造成母株萌枝能力下降，平茬代次越多，影响越明显。采穗圃是多代采穗利用，截干代次对其萌枝能力的影响也十分重要。

1.2 截干促萌的激素调控

1.2.1 截干促萌的内源激素调控

腋芽的萌发可分为腋芽起始和形成、相关抑制（顶端优势）、诱导（芽激活）和持续生长形成腋枝四个阶段（Tan et al，2019），每一个阶段都受到不同激素的影响（Waldie et al，2010）。萌蘖发生、生长与植物激素信号转导过程密切相关（邹旭，2018），激素可以启动下游信号的传导，调控基因表达，从而控制侧枝的萌发或休眠（顾晓华，2021），在调控植物分枝发育过程中起着关键作用（Müller and Leyser，2011；Wang and Li，2011）。植物萌蘖激素调控假说认为，植物的萌生更新能力受体内激素水平的调控（朱万泽等，2007）。由此可见，植物萌枝能力与激素水平密切相关。生长素（indole-3-acetic acid，IAA）、赤霉素（Gibberellin，GA）及细胞分裂素（Cytokinin，CTK）被认为对植物萌蘖特性的发挥起重要的调控作用（许智宏和薛红卫，2012；吉生丽等，2018），后来还发现独角金内酯（Strigolactone，SL）、油菜素内酯（Brassinosteroids，BRs）、脱落酸（Abscisic acid，ABA）和糖（Sugars）都可以调控植物分枝发育（吕享，2018；顾晓华，2021），具体调控机制仍不十分清楚。现有的研究表明，截干（平茬）后萌芽的发生、发育与激素调控有关（Liu et al，2011a；Liu et al，2013；曹子林，2019），杉木伐桩上休眠芽的萌发状况与内源激素的种类及数量密切相关（汪安琳和程淑婉，1982；程淑婉等，1987）。植物的地上部分受损后，信号物质（细胞分裂素或无机氮化合物，或两者兼有）在伐桩和根中积累，从而诱导白杨根和干基萌生（Wan，2006），平茬通过调节伐桩休眠芽内激素的平衡达到调控萌芽更新的目的（赵姣等，2020）。生长素调控植物分枝发育的两个经典假说：生长素运输渠道假说和第二信使假说。植物去顶后，来源于顶端的生长素消失，提高主茎中生长素运输能力，休眠芽内部的生长素得以输出，休眠芽被激活（王卫锋，2019），或者认为生长素经调控细胞分裂素和独角金内酯的激素水平而控制植物的分枝发育（Li and Bangerth，1999）。由此说明，生长素对腋芽生长的调控作用是间接的。植物地上部分损失后由根运输到树桩的细胞分裂素增多（Mader，2003），高浓度的细胞分裂素促进茎干萌芽和枝的形成（Sehrouelling，2002），杉木萌芽中细胞分裂素含量高是杉芽的重要生理特性，这种特性与杉木的很强萌枝性密切相关（汪安琳和程淑婉，1982）。因此，细胞分裂素被认为是影响侧枝萌发的关键激素之一。GA 也可能参与去顶后腋芽发育的调控（王卫锋，2019），杉木平茬后 GA_3 对休眠芽的破除有重要促进作用（高健等，1994），杜鹃兰（*Cremastra appendiculata*）打顶后 GA_3 含量的升高与侧芽萌发生长有关（吕享，2018）。GA 分解代谢基因 *GA2ox* 的过度表达导致分蘖或分枝数量增加，赤霉素水平与腋生分生组织形成或分蘖呈负相关（Martinez-Bello et al，2015；Zawaski and Busov，2014）。因此，赤霉素对于不同物种分枝生长的调控可能存在差异。ABA 升高从而抑制侧芽的发育（González-Grandío et al，2016；许俊旭，2015），在侧枝生长的后期阶段 ABA 含量对侧枝起负调控（Beveridge et al，2003）。因此，ABA 被认为是负调控分枝生长。研究表明，截干（平茬）后激素含量与分布发生变化（于文涛，2016；史绍林，2020），而不同激素含量及其比例对萌条的产生与发育均有差异（Bangerth et al，2000；Li et al，2006），进而影响萌发能力（Zhu et al，2012；Zhu et al，2014）。分析激素对休眠芽调控时，除了考虑激素绝对含量的影响外，还要考虑激素间的平衡的影响，尤其是促进与抑制芽萌动激素之间的比例与平衡（周安佩等，2014）。激素的动态平衡对杉木伐桩萌芽影响更为重要（丁国华等，1996；叶镜中，2007），杉木伐桩萌发能力同时受 CTK/IAA 和 GA_3/ABA 比值制约，这两个激素比值都较大时，杉木的萌芽能力才会显著加强（丁国华等，1996）。红松（*Pinus koraiensis*）截顶后 ABA/GAs 的比值相对未截侧枝减小，低比值的 ABA/GAs 与截顶后侧枝快速发展的方向发展有关（史绍林，2020）。

截干干扰诱导激素相关的基因表达水平的改变，影响植物体内激素含量及其动态平衡，进而调节植物萌枝能力。研究发现，去顶后植物激素合成代谢途径中的一些关键基因或酶的表达会变，从而可能引起植物内源激素含量的变化（Tanaka et al，2006；Qi et al，2012；倪军，2015）。赤霉素合成、降解及信号传导等相关基因在去顶前后基因表达水平变化明显（Barbier et al，2019），去顶诱导杂交白杨（*Populus tremula*×*P. tremuloides*）GA 的生物合成（显著上调 *GA3ox2*）和 *GH17* 基因的表达，激活腋芽（Rinne et al，2016）。去顶后茎节中 *IPT* 基因表达上调，*CKX* 基因则被抑制，细胞分裂素含量上升，激活处于休眠状态的腋芽（Shimizu-Sato et al，2009）。平茬通过改变中国沙棘（*Hippophae rhamnoides* ssp. *sinensis*）内源激素合成、代谢、转运基因的表达，进而调控平茬萌蘖的生长发育（曹子林，2019）。可能正是这些激素之间的相互作用作为信号控制核酸、蛋白质、可溶性糖等营养物质的代谢，促进截顶后侧枝生长（周安佩等，2014）。同时，激素调控与基因表达相互影响。基因表达改变导致激素浓度变化，或者激素就是基因转录的调控因子（陈贝贝，2016）。一方面，激素合成关键基因的表达情况改变激素浓度，如拟南芥（*Arabidopsis thaliana*）中 IAA 合成基因 *CYP79B2* 过量表达会引起生长素的含量显著增加，*CYP79B2* 和 *CYP79B3* 的双突变体中 IAA 合成基因不表达，体内生长素的含量显著降低（Zhao et al，2002）。沙棘平茬后 *CYP735A* 基因、*LOG* 基因、*IPT* 基因正调控 CTK 的合成（曹子林，2019）。GA 降解的基因表达上调，GA 含量降低（Roumeliotis et al，2012）。过表达 *ABF* 基因可使匍匐茎中 ABA 含量升高（García et al，2014），脱落酸含量与 *GmCYN1* 表达量达到显著相关水平（何德鑫等，2020）。另一方面，激素通过激素信号转导系统促使一系列基因表达（倪德祥和邓志龙，1992；苏谦等，2008）。GA 和 ABA 通过信号转导通路调控胚芽相关基因的转录和翻译（Wu et al，2017），CTK 信号对 *WUSCHEL*（WUS）的激活促进叶腋中腋生分生组织的启动（Shi et al，2016；Wang et al，2017）。与此同时，部分激素本身存在负反馈调节机制，如独脚金内酯和赤霉素可通过负调节合成关键基因的表达水平来调控自身浓度（刘涛，2007；Domagalska et al，2011），允许体内活性 GAs 含量随植物发育或环境信号做出响应，响应后活性 GAs 浓度重新恢复正常水平（Vidal et al，2003）。

植物体内各激素间的相互影响可产生极其繁杂的调控系统，从而调节植物生长发育的众多代谢（Leitão and Enguitab，2016）。激素信号转导系统中部分受体或关键组分因互作或串话会产生协同或拮抗的作用而使信号途径网络化（Ohri et al，2015）。研究表明，IAA 能够调控 GAs 的合成和其信号的转导（董雪，2013），细胞分裂素也参与独脚金内酯的信号转导（倪军，2015），生长素抑制细胞分裂素合成酶关键基因异戊烯基转移酶的表达，从而调控细胞分裂素的水平（Lv et al，2017），GA 信号通过调节独脚金内酯生物合成基因的表达来调控独脚金内酯的生物合成（Ito et al，2017）。生长素、细胞分裂素和赤霉素，既独立又联合作用来调节分生组织的功能（Depuydt and Hardtke，2011；Sablowski，2011）。因此，植物激素通过上下游信号形成互作关系网络调控植物生长发育。结合遗传、生理和分子证据表明，除植物激素外，分枝还受到蔗糖、光、营养调控（Rameau et al，2015；Wang et al，2019）。植物生长发育受内部因素和外部环境共同调控，内部因素包括遗传因子、糖信号、激素等（Kebrom et al，2013），环境因素包括营养成分（氮磷钾等）、水分和光周期等（刘杨等，2009；姜慧新等，2009）。当外界环境因素发生变化时，植物激素开启下游信号的传导，调节基因的表达水平，从而调控芽的休眠或萌发（顾晓华，2021）。环境因素是通过改变内源激素含量进而影响分蘖生长（Thorne，1962），植物激素参与这些因素的整合（王冰等，2006），是遗传调控和环境调控分蘖芽伸长的直接调节物质（张锁科和马晖玲，2015）。植物激素（赤霉素、生长素和乙烯）、糖类化合物以及其他信号转导之间的相互串扰协同促进短叶松（*Pinus echinata*）去顶后发芽（Liu et al，2011a）。因此，分枝的调控网络涉及多种类型的参与者（植物发育、基因型、激素、营养），这些参与者与芽、植物的反馈环相互作用，与植物发育相关的系统动态和环境变量的波动使这种复杂性变得更加复杂（Rameau et al，2015），使得厘清分枝的调节方式变得非常具有挑战性（Barbier et al，2019）。

1.2.2 截干促萌的外源激素调控

植物截干、平茬、摘叶等人为干扰措施后，常常配合使用一些外源激素刺激休眠芽萌发，形成新的枝条，进一步提高萌枝能力。外源激素促萌研究主要集中于激素种类、使用浓度、使用时间、作用部位等方面，激素促萌技术正在不断成熟和完善之中。研究表明，刻芽、摘除顶叶都可以促进侧枝的萌发，在此基础上喷施激素可以提高发枝率和发枝量（Jung and Lee，2008）。化学促萌技术的研究开始于20世纪70年代，其中6-BA（6-苄氨基腺嘌呤）是生产实践中应用最为广泛的化学促萌物质，对许多物种截干后的促萌效果较为显著。相关研究证实，喷施外源激素6-BA能显著促进樟树（*Cinnamomum camphora*）、望天树（*Parashorea chinensis*）、白桦（*Betula platyphylla*）等去顶母株萌枝的发生（梁小春等，2018；赵姣等，2019；张玉琦等，2021），提高马尾松的穗条平均数量，并缩短针叶基潜伏芽萌发时间（朱亚艳等，2018），促青海云杉（*Picea crassifolia*）芽和枝条的生长发育（陈广辉等，2007）。据报道，2年生苹果（*Malus pumila*）苗木进行短截＋抹芽+BA处理，每株平均产生15.3个分枝，2年生苹果新生枝采用2～3次摘叶+BA处理，侧芽发育为枝条的效果明显（Ono et al，2001）。也有一些证据表明，外源激素6-BA的促分枝效果与喷施次数成正比（Ono et al，2005），无论顶芽是否存在，侧芽生长都能够被促进（Braun et al，2012）。以6-BA为有效成分的商品试剂如发枝素、普洛马林、KT-30、抽枝宝等，或与6-BA具有相似作用的生长调节剂环丙酸酰胺等，均具有显著的促分枝作用（孙怡婷等，2021）。苹果中心干70cm处短截后结合1000mg/L普洛马林处理，促分枝效果非常显著（宣景宏等，2015），喷施普洛马林与摘心（去除中心干顶端尚未木质化部分）共同处理的效果要好于单独普洛马林处理的促分枝效果，比较适宜实际生产的应用（吕天星等，2015），1年生苹果截干后涂抹KT-30乳液后，萌芽率和成枝力都提高（孟云等，2012）；喷施环丙酸酰胺具有非常好的促分枝作用，并能显著增大分枝角度，对分枝长度没有显著影响（孙怡婷等，2021）。因此，外源激素6-BA以及6-BA为有效成分的商品试剂能有效促进截干（平茬）、摘心等人工干扰后的植物分枝。

生长素是最早被发现参与植物侧枝发育有关的激素，也常用于植物截干（平茬）后的促萌研究。研究结果表明，外源激素IAA能促进杉木平茬萌枝发生（李勇，2019；潘洁琳，2018），且一定时间内维持穗条较高产量（潘洁琳等，2018），也可以提高马尾松穗条平均数量（朱亚艳等，2018）。外源IAA对擎天树、辣木（*Moringa oleifera*）截顶母株萌枝无显著促进作用（梁小春等，2018；方舒，2018）。也有证据表明，外源激素IAA对萌蘖生长起抑制作用。外源激素NAA（α-萘乙酸）对美洲椴（*Tilia americana*）不定芽产生有一定的抑制作用（庄倩等，2008），2,4-D（2,4-二氯苯氧乙酸）处理的萌芽数则少于对照处理，且高浓度的2,4-D处理对无性系母株的萌芽具有毒杀的作用，造成母株干枯、甚至死亡（梁坤南，2007）。赤霉素、高锰酸钾和脱落酸用于截干（平茬）促萌研究并不多见。有研究表明，GA类激素通过诱发IAA的合成或抑制IAA的分解而间接影响顶端优势（Phillips，1975），抑制萌枝发生（庄倩等，2008）。也有研究报道，GA_3可以提高马尾松穗条平均数量（朱亚艳等，2018）、显著增加辣木侧枝萌枝数（方舒，2018），但对思茅松母株促萌无明显作用（邓桂香等，2010）。高锰酸钾对去顶的思茅松和水曲柳促萌效果较好，但差异未达到显著水平（赵霞，2005；邓桂香等，2010），高锰酸钾能较好促进杉木萌枝，其机理可能与其直接刺激根颈部位细胞、提高细胞内酶活性相关（黄利斌等，1998）。植物侧芽用外源ABA进行处理，其对侧芽生长起抑制作用，ABA是侧芽生长的抑制因子（Corot et al，2017），研究发现，喷洒脱落酸处理有效抑制杉木根基穗条的萌发，且明显降低穗条生根率（潘洁琳等，2018）。因此，高锰酸钾促进萌枝，脱落酸抑制萌枝，IAA和GA_3表现为双重作用。综上所述，外源激素对去顶植物侧芽萌发起不同作用，6-BA促进植物侧芽萌发具有较好效果，还有缩短萌发时间作用；IAA和GA_3对植物侧芽萌发有促进作用，也有抑制作用；高锰酸钾促进植物侧芽萌发，ABA抑制植物侧芽萌发，其效果因树种而异。

对于同一植物，不同外源激素对休眠芽的萌发及其生长促进作用存在差异。研究表明，喷施外源激素6-BA对杉木萌条数量影响最大，NAA对杉木萌条高度影响最大，IAA可提高穗条产量，脱落酸则会减少穗条产量（田晓萍，2008；潘洁琳等，2018）。马尾松采用外源激素GA_3处理对萌生穗条直径和长度的影响均大于IAA和6-BA（朱亚艳等，2018）。1年生水曲柳超级苗去顶后用不同药剂处理，以诱芽营养剂、5%的$KMnO_4$、5mg/L的KT（激动素）和 TA（三十烷醇）促萌效果较好，诱芽营养剂处理萌枝数量最多（赵霞，2005）。苹果采用普洛马林处理诱导的有效分枝、分枝高度均明显好于抽枝宝和 KT-30 处理（孙淑敏等，2018）。同种植物不同部位、不同季节施用外源激素，效果也不相同。梨（*Pyrus*）幼树不同月份使用外源激素 6-BA 500mg/kg+GA_3 500mg/kg 或发枝素，6 月份处理效果最好（萌芽率高且整齐），7 月份处理的效果最差（王斌等，2012；王兴静，2013）。不同时期用外源激素 KT-30 处理苹果幼树，在成枝力、萌枝类型、萌枝生长势、枝干比等方面存在差异，处理效果以 5 月下旬到 6 月上旬最好（孟云等，2012）。苹果采用普洛马林结合烯效唑和乙烯利处理，在有效分枝数量方面 7 月份好于 6 月份（孙淑敏，2016）。梨幼树不同方位芽涂抹植物生长调节剂后，萌芽效果表现为背上芽 > 侧芽 > 背下芽（王兴静，2013），不同枝段以枝条中上部的芽涂抹后发枝效果好，而基部芽萌发短枝较多（王斌等，2012；王兴静，2013）。因此，采用外源激素进行促萌，激素种类、浓度以及处理时间和部位不同，促萌效果也有很大差异。

外源激素处理后，对内源激素合成代谢产生一定的影响，改变芽原有内源激素的平衡，最终引起苗木分枝的差异。外源激素喷施引起樟树体内激素的变化，直接调节伐桩的萌芽更新，进而调控萌枝的生长（赵姣等，2019）。烟草（*Nicotiana tabacum*）打顶后用不同植物生长物质处理腋芽，对内源的 IAA、ABA、GA3、ZR 的含量均有影响，从而影响腋芽的生长（杨洁，2013）。豌豆（*Pisum sativum*）在去茎尖后用 NAA 处理，抑制茎中内源细胞分裂素含量的增加，同时也抑制侧芽的生长（李春俭，1995）。早酥梨刻芽同时进行涂抹发枝素要比单做刻芽处理侧芽内生长型激素含量高，（IAA+GA+ZR）/ABA 的比值也较大（闫帅等，2017）。苹果喷施 6-BA 等外源激素，降低各处理 IAA 和 ABA 含量，提高 ZR 和 GA 含量，促发分枝（路超等，2019）。由此表明，外源激素喷施是通过改变内源激素的平衡，从而引起分枝变化。

综上所述，外源激素能够提高截干促萌效果，其通过改变内源激素水平从而影响植物萌枝能力，具体的效果因物种、激素种类、浓度和喷施时间而异。

1.3 云南松遗传改良研究

云南松（*Pinus yunnanensis* Franch.）为松科（Pinaceae）松属（*Pinus*）植

物，分布于东经 96°～108°、北纬 23°～30°之间，其中云南省是云南松的集中分布区（金振洲和彭鉴，2004；陈飞等，2012），具有适应性强、生长较快、耐干旱、耐瘠薄等优点，是我国西南地区造林的先锋树种及主要用材树种（中国森林编辑委员会，1999；金振洲和彭鉴，2004；Zhang et al，2014）。云南松林分别占云南省林分总面积和木材蓄积量的 19.63% 和 14.28%，在分布区域林业生产和生态建设中占有重要的地位（金振洲和彭鉴，2004；邓喜庆等，2014）。然而长期以来，砍优留劣的利用方式导致现存林分中优良基因资源匮乏（姜汉侨，1984；许玉兰等，2015），加之云南松以天然更新为主（高成杰等，2021），不良基因型个体比例的增大会使遗传退化逐代加剧（蔡年辉等，2006）。在自然和人为因素的影响下，云南松林多为疏林、扭曲林、低矮林等，其群落及生境向退化的方向发展（王磊等，2018；陈剑等，2021），极大地限制了云南松林生态、经济和社会效益的发挥。如何恢复和重建云南松林功能是目前急需解决的问题，良种选育及应用是其中最为有效的手段之一。因此，云南松遗传改良工作一直受到高度重视。20 世纪 80 年代以来，云南松有性改良相继从种源选择、优树选择、优良林分选择等方面开展相关研究（高义等，1984；伍聚奎和周蛟，1988；舒筱武等，1998），在此基础上开展母树林及种子园建设等方面的研究（陈强等，2000；李学娟，2005）。云南松无性利用方面的研究主要集中在扦插繁殖方面，从扦插基质选择、穗条长度、母株年龄以及外源激素（种类、浓度和处理方式）等方面进行研究，研究表明这些因素对云南松扦插生根率有明显影响，同时对提高扦插成活率的相应措施进行探讨（赵敏冲，2009；段旭和赵洋毅，2015；车凤仙等，2017；杨文君等，2018）。云南松嫁接有髓心对接、髓心形成层对接、侧接、瓶接、侧劈接 5 种方法，以侧劈接效果最好，嫁接成活率为 90%，主要应用在无性系种子园建设（何富强，1994）。云南松促萌研究较少，仅限于截干后施肥和喷施外源激素对促萌效果的研究。云南松施有机肥和 B-Y2 溶液都可以提高穗条产量，有机肥还可以促进萌芽，施 IBA 促进萌芽和枝条的生长，但抑制萌芽形成枝条（张薇等，2015）。喷施氮、磷肥明显提高截干后苗木的萌枝数量和萌枝生长量，氮、磷配施比单施氮或磷肥更利于提高云南松萌蘖能力（王瑜等，2021）。由此可见，云南松遗传改良几乎局限于有性改良（种子园）方式，未能避免建园时间长且见效晚、种子产量低且不稳定、后代分化强烈等问题（刘代亿，2009）。针对种子园体系存在的问题，林业发达国家积极推行“有性创造、无性利用”方针，我国著名林木育种学家马常耕、洪菊生和朱之悌都指出，我国松类今后的良种化必须沿用有性创造和无性利用结合的方针（朱之悌，1986；洪菊生和王豁然，1991；马常耕，1994）。采穗圃是无性利用的关键环节，思茅松、湿地松、湿加松和马尾松等针叶树种都已开展采穗圃营建方面的研究（来端，2001；邓桂香等，2010；唐红燕等，2012；许秀环等，2014；赵俊波等，2020）。但是，云南松促萌的相关研究尚在起步阶段，其无性利用方面的研究进展相对滞后。

1.4 研究目的和意义

针对云南松种子园体系存在的建园时间长、种子产量低和后代分化强烈等问题，贯彻“有性创造、无性利用”方针是解决这一问题的必由之路。其中，采穗圃建设是实施无性改良的关键环节，截干（平茬）促萌则是重中之重。然而，云南松无性利用的相关研究主要集中在无性繁殖方面，促萌相关研究少见报道，截干促萌技术及其机制研究尚属空白。本文依托国家自然科学基金项目，考虑到截干高度的重要性以及激素的启动和纽带作用，以云南松幼苗为材料、以截干高度为试验因子，在田间试验基础上分析萌枝能力、激素特征（含量和比值）对截干高度的响应规律及其它们之间的因果关系，基因表达对截干的响应规律及其与萌枝能力的关系，确定有利于萌枝潜力发挥的适宜截干高度，并从生态、生理、激素、基因层次联合揭示其激素调控机制。在此基础上，采用外源喷施激素进行验证，进一步厘清激素与萌枝调控的关系。研究结果为云南松采穗圃的建立提供相关技术参数以及相关理论依据，为完善森林萌生更新的激素调控机制提供新案例。

1.5 研究内容

为了揭示云南松截干促萌的激素调控机制，本研究以云南松萌枝发生和生长对截干高度的响应规律为基础，以基因、激素变化与萌枝能力关系为核心，探讨截干促萌的激素调控机制。研究内容：

① 通过萌枝能力、生物量以及养分投资与分配对截干的时空响应规律分析，探讨萌枝发生、生长的生理生态调控机制；

② 通过内源激素特征对截干的响应规律以及内源激素特征与萌枝能力的

因果关系分析，探讨萌枝能力的激素调控机制；

③ 通过激素合成、代谢和信号转导基因表达对截干的响应规律以及基因表达与萌枝能力的因果关系分析，探讨激素调控萌枝能力的基因表达机制；

④ 通过截干后的激素喷施试验，验证萌枝能力对激素的响应规律。

综合这些生态、生理、激素、基因表达研究结果，从不同层次系统揭示云南松截干促萌的激素调控机制，并为适宜截干高度的确定提供理论依据。

第2章

云南松萌枝能力对截干高度的响应

2.1 材料与方法

2.1.1 研究区概况

研究区位于云南省红河哈尼族彝族自治州弥勒市，地处云南省的东南部、红河州的北部，位于东经 103°04′ ～ 103°49′E、北纬 23°50′ ～ 24°39′N 之间。该市地处亚热带季风气候区，年平均温度 17.1℃，年平均降雨量 950.2mm，相对湿度 73%，年均日照 2131.4h，无霜期 323d。喀斯特地貌发达，蓄水性能差，石漠化面积占国土面积的 1/5，土壤种类以红壤和紫色土为主（贺爱华，2015）。以常绿阔叶林、暖温性针叶林及石灰岩山地植被为主要植被类型（陈子牛和周建洪，2001）。试验地设在弥勒市云南吉成园林科技股份有限公司温室大棚内。

2.1.2 试验材料

云南松种子采自弥渡云南松无性系种子园种子（云 S-CSO-PY-001-2016），2018 年 1 月播种，3 个月后单株移植于育苗盆（规格为底径 16cm，口径 24cm，高 20cm）。苗期管理主要为浇水与除草，3 ～ 5 天浇水 1 次，以浇透为宜；每月除草 1 次，拔除育苗盆中的全部杂草。

2.1.3 试验设计

田间试验采用单因素完全随机区组试验设计，依据前期预试验结果，设置 3 个截干高度（即留桩高度）：截干高度 5cm、截干高度 10cm 和截干高度 15cm，以不截干作为对照，重复 3 次，每个重复 4 个小区，共 12 个小区，每个小区 40 株苗木，试验苗木共计 480 株，截干后苗木管理同截干前。截干前平均苗高 20cm，平均地径 17mm。田间试验布设如图 2-1，图中“1”代表截干高度 5cm，“2”代表截干高度 10cm，“3”代表截干高度 15cm，“4”代表对照（未截干）。截干前，先挑选生长健壮、苗高相对一致的云南松苗，2019 年 3 月底截干。

4	2	1
1	4	3
2	3	4
3	1	2

图 2-1　田间试验布设示意图

2.1.4 萌枝能力观测

试验布设前进行本底调查，试验布设后进行跟踪调查，调查内容包括萌枝数量、萌枝生长量以及对照（未截干）生长量。从 2019 年 3 月到 2019 年 12 月，每月月底进行调查。其中对每个萌枝进行调查，统计萌枝数量；每个处理选 10 株对其萌枝挂牌进行跟踪测量萌枝生长量（由于萌枝数量多，大多数萌枝很短，只调查长度大于 1.5cm 潜在有效萌枝）；测定对照（未截干）苗高。

2.1.5 根系形态测定

于 2019 年 12 月从每个处理中取长势较平均的 9 株苗（每个重复 3 株）（王文娜等，2018；李宝财等，2021），采用全挖法获得植株，编号后带回实验室，用剪刀将根系从根茎处剪下（王文娜等，2018），自来水冲去泥土并稍作晾干

（陈乾等，2020）。用直尺测量主根长（0.01cm），然后将根系放在 Epson 扫描仪中扫描获得图像。后续用 WinRHIZO 分析软件获取总根长（cm）、根表面积（cm^2）、根平均直径（mm）和根总体积（cm^3）。同时，将植株的地上部分及扫描后的全部根系（将主根和侧根分开，其中与主干连接的为主根，主根产生的侧根及侧根上产生的支根均为侧根）放入烘箱，105℃杀青 30min 后，于 80℃烘至恒重，称取各部位（主根、侧根、地上部分）干质量即为生物量，精确至 0.001g。计算根生物量（主根生物量 + 侧根生物量，g）、单株生物量（根生物量 + 地上部分生物量，g）、主根 / 侧根（主根生物量 / 侧根生物量）和根冠比（根生物量 / 地上部分生物量）。

2.1.6 生物量测定

于 2019 年 12 月，从每一重复试验的每一个处理中取长势较平均的 3 株测定（王文娜等，2018；李宝财等，2021），采用全挖法获得植株，编号后带回实验室，用剪刀将根系从根茎处剪下（李宝财等，2021），分为地上部分和地下部分，其中地下部分用清水洗净并沥干（陈乾等，2020）。将各器官分开（包括地下部分的主根和侧根，地上部分的主干、侧枝、母株针叶、萌条枝和萌条针叶），其中截干后萌发产生的分枝为萌条枝，萌条枝上的针叶为萌条针叶，截干前产生的分枝为侧枝，侧枝或主干上的针叶为母株针叶。对照中的苗木未进行截干，其分枝均统计入侧枝，无萌条枝和萌条针叶。

对采集的样品各器官（主根、侧根、主干、侧枝、母株针叶、萌条枝、萌条针叶）分别称重，获得其鲜质量（精确至 0.001g），然后装入信封内在 105℃的烘箱中杀青 30min 后，于 80℃下烘干至质量恒定，获得各器官的干质量即生物量（精确至 0.001g）。计算相应的生物量指标：根生物量 = 主根生物量 + 侧根生物量，茎生物量 = 主干生物量 + 侧枝生物量 + 萌条枝生物量，叶生物量 = 母株针叶生物量 + 萌条针叶生物量，地上部分生物量 = 茎生物量 + 叶生物量，单株生物量 = 根生物量 + 茎生物量 + 叶生物量。

2.1.7 碳氮磷含量测定

利用生物量测定的材料，将烘干至质量恒定的样品研磨至粉末，检测各器官的碳（C）、氮（N）、磷（P）浓度，其中 C 的测定采用重铬酸钾氧化容量法，

N和P参照植物中N、P的测定NY/T 2017—2011进行测定，重复3次。C、N、P含量即质量分数，以单位质量的养分含量（$g \cdot kg^{-1}$）表示（陈婵等，2016）。植株各器官的C、N、P储量为该器官的生物量与其相应的C、N、P含量的乘积，而各器官C、N、P储量的累积之和为单株C、N、P储量，各器官C、N、P储量百分比为该器官C、N、P储量与其相应的单株C、N、P储量的比值（邢磊等，2020；田登娟等，2021），化学计量比$w(C):w(N)$、$w(C):w(P)$、$w(N):w(P)$采用质量分数比（陈婵等，2016）。

2.1.8 数据分析

萌枝累积数量、萌枝生长量（平均值）和对照的苗高生长过程采用多种模型进行拟合和筛选，Logistic方程能很好地展现其动态规律。Logistic方程表达式为：

$$y=k/(1+e^{(a-bt)})$$

其中，生长时间t作为自变量，萌枝生长量或萌枝数量y作为因变量，采用DPS7.05进行方程拟合和参数估算。

通过求导，可得曲线瞬时最大斜率对应的时间点t_0（速生点）以及曲线上瞬时斜率连续变化最快的两个时间点即生长拐点t_1（速生期起始时间）和t_2（速生期结束时间），其中$t_0=a/b$、$t_1=(a-1.317)/b$、$t_2=(a+1.317)/b$（李秋元和孟德顺，1993；赖文胜，2001）。t_1至t_2期间为速生期持续时间（洑香香等，2001），并对拟合模型进行显著性检验。

用SPSS 17.0进行描述统计分析、单因素方差分析（$p=0.05$），计算变异系数（标准差/平均值×100%），不同处理之间的差异显著性进行检验Duncan多重比较（$p=0.05$）（王艺霖等，2017；孙明升等，2020），用Pearson线性相关系数进行相关性分析（孙明升等，2020）。利用Excel 2007整理汇总数据和绘图，图表中数据为“平均值±标准误差”（杨彪生等，2021）。以幂函数（$Y=\beta X^{\alpha}$）来描述异速生长关系，分析时转换为$\lg Y=\lg\beta+\alpha \cdot \lg X$，其中：方程斜率$\alpha$为异速生长指数，$\beta$为回归常数；$X$、$Y$为研究属性值即生物量（江洪和林鸿荣，1984；黄树荣等，2020；陈甲瑞和王小兰，2021）。采用标准化主轴回归分析（standardized major axis, SMA）方法计算方程斜率即异速生长指数，并比较不同处理间斜率的差异显著性（李鑫等，2019；黄树荣等，2020；杨清平等，2021），该分析利用R语言的SMATR模块完成（Warton et al，2006；Warton et al，2012）。

2.2 结果与分析

2.2.1 萌枝数量对截干高度的响应

2.2.1.1 萌枝数量对截干时间的响应

由图2-2、表2-1可以看出，单株萌枝累积数量随时间变化可用Logistic方程描述，拟合均达到极显著水平。

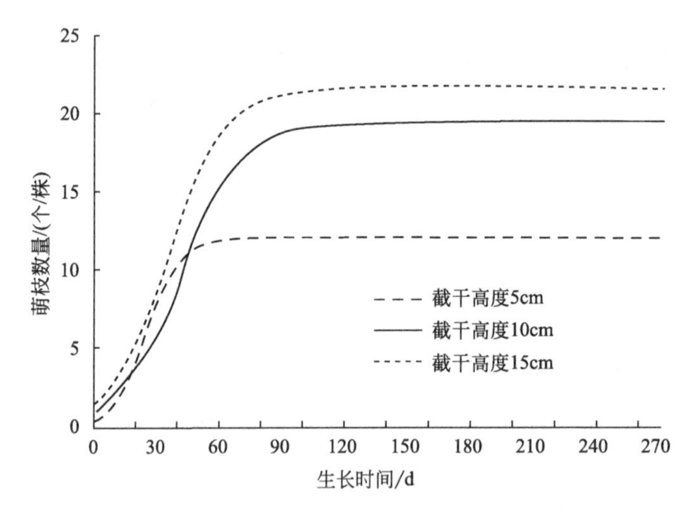

图2-2 不同截干高度萌枝累积数量随时间变化规律

表2-1 不同截干高度萌枝累积数量动态Logistics模型拟合结果

截干高度	k	a	b	t_1	t_2	t_0	t_2-t_1	R^2	p
5cm	12.084	3.054	0.119	15（4.8）	37（4.30）	26（4.19）	22	0.976	0.004
10cm	19.483	2.829	0.068	22（4.15）	61（5.24）	41（5.4）	39	0.995	0.000
15cm	21.648	2.601	0.075	17（4.10）	53（5.16）	35（4.28）	35	0.988	0.001

注：k为理论生长极值，a、b为Logistics的系数，t_1和t_2为Logistics两个拐点，即由慢变快和由快变慢的时间点，t_0为速生点，t_2-t_1为速生期，R^2为决定系数，p为显著性。

从表2-1可知，截干高度5cm、10cm、15cm的萌枝速生点分别为第26天、41天、35天，速生期起点分别为第15天、22天、17天，速生期结束时间分别为第37天、61天、53天。截干高度5cm的萌枝数量在3月24日至4月7日期间缓慢积累，4 月 8 日至 4 月 30 日期间迅速积累，5 月 1 日后缓慢积累并趋于上限；截干高度 10cm 的萌枝数量 3 月 24 日至 4 月 14 日缓慢积累，4 月 15 日至 5 月 24 日迅速积累，5 月 25 日后缓慢积累并趋于上限；截干高度 15cm 的萌枝数量 3 月 24 日至 4 月 9 日缓慢积累，4 月 10 日至 5 月 16 日迅速积累，5 月 17 日后缓慢积累并趋于上限。从表 2-1 还可知，截干高度 5cm 萌枝数量速生期开始最早，持续时间 22 天（最短）；截干高度 10cm 萌枝数量速生期开始最晚，持续时间 39 天（最长）；截干高度 15cm 萌枝数量速生期开始居中，持续时间 35 天（居中）。由此表明，不同截干高度萌枝发生节律存在差异。

由表 2-2 可知，截干高度 5cm 月萌枝数量随时间呈下降趋势，截干高度 10cm 和 15cm 月萌枝数量随时间呈先上升后下降趋势。由此可知，不同截干高度月萌枝数量变化趋势存在差异。由表 2-2 还可知，截干高度 5cm、10cm 和 15cm 的 4 月萌枝数量分别占总萌枝数量的 52.77%、29.67% 和 38.46%；5 月萌枝数量分别占总萌枝数量的 31.47%、49.86% 和 43.67%，4 ～ 5 月份萌枝数量之和占总萌枝数量的 80% 左右。因此，云南松截干萌枝发生主要集中在 4 ～ 5 月份。

表 2-2　月萌枝数量分析

截干高度	指标	4 月	5 月	6 月	7 月	8 月	9 月
5cm	均值 /（个 / 株）	6.77	4.03	1.67	0.32	0.03	0.00
	百分比 /%	52.77	31.47	13.02	2.51	0.20	0.00
10cm	均值 /（个 / 株）	5.85	9.83	3.51	0.48	0.04	0.00
	百分比 /%	29.67	49.86	17.79	2.45	0.21	0.00
15cm	均值 /（个 / 株）	8.73	9.92	3.03	0.92	0.11	0.00
	百分比 /%	38.46	43.67	13.36	4.04	0.48	0.00

2.2.1.2　萌枝数量对截干高度的响应

从图 2-3 可知，4 月截干高度 15cm 萌枝数量显著大于截干高度 10cm 和 5cm，截干高度 10cm 和截干高度 5cm 之间无显著差异。5 月截干高度 15cm 萌枝数量显著大于截干高度 10cm，截干高度 10cm 显著大于截干高度 5cm。6 月以后，截干高度 5cm 萌枝数量显著小于截干高度 10cm 和 15cm，截干高度 10cm 和 15cm 之间无显著差异。从图 2-3 还可以看出，不同截干高度萌枝累积数量大小排序为截干高度 15cm> 截干高度 10cm> 截干高度 5cm。方差分析表明，截干高度对萌枝数量有显著影响，截干 5cm 的萌枝累积数量显著小于截干高度 10cm 和 15cm；截干高度 10cm 和截干高度 15cm 之间无显著差异。不同截干高度萌枝累积数量分别为 12.82 个、19.72 个和 22.71 个，对照（未截干）植株没有萌枝发生。由此表明，截干能够促进云南松伐桩萌枝，萌枝数量随截干高度的增大呈上升趋势，但截干高度 10cm 与截干高度 15cm 之间无显著差异。

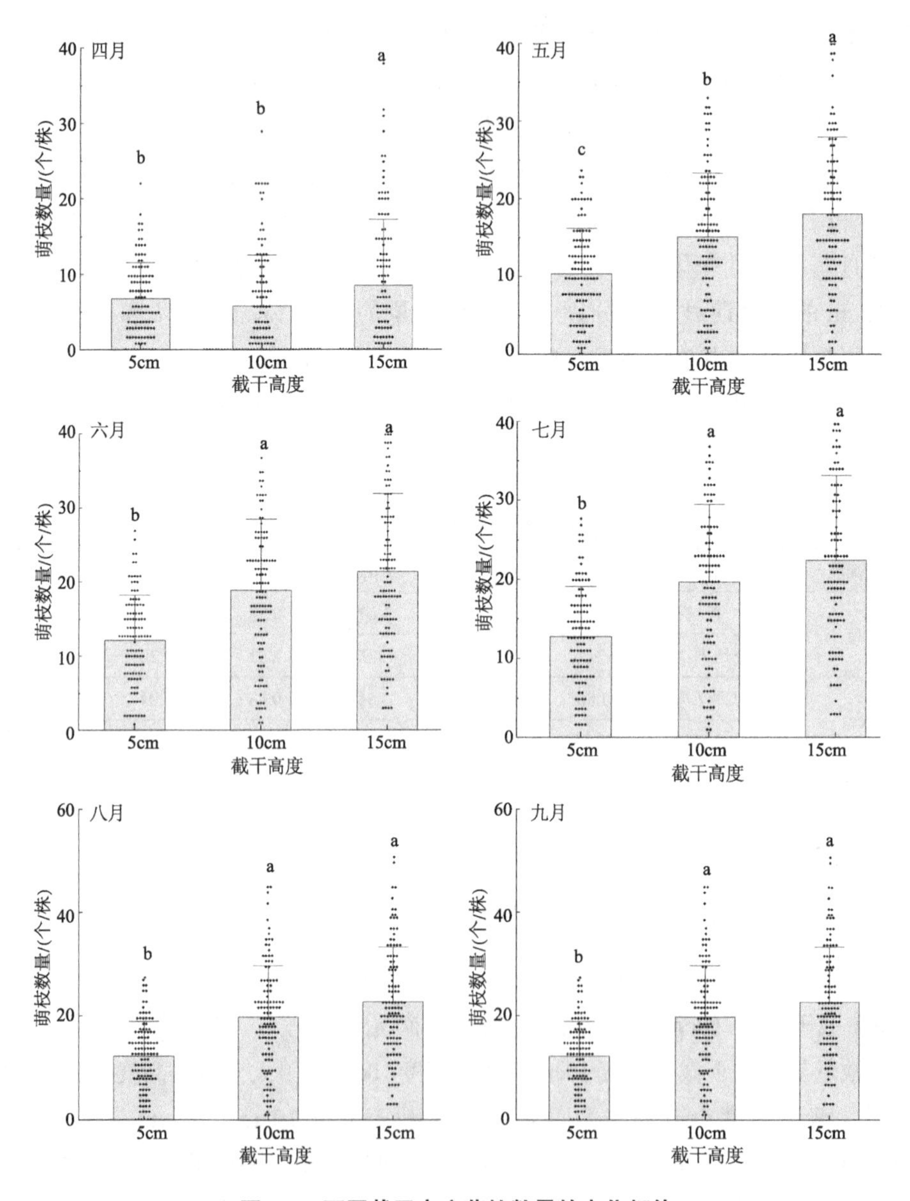

图 2-3 不同截干高度萌枝数量的变化规律

2.2.2 萌枝生长量对截干高度的响应

2.2.2.1 萌枝生长量对截干时间的响应

由表2-3和图2-4可知，单个萌枝平均累积生长量随时间变化可用Logistic方程描述，拟合均达到极显著水平。截干高度5cm、10cm、15cm的萌枝速生点分别为第62天、60天、66天，速生期起点分别为第27天、28天、36天，速生期结束分别为第98天、93天、96天。截干高度5cm的萌枝在3月24日至4月19日期间生长缓慢，4月20日至6月30日期间快速生长，7月1日以后缓慢生长并趋于上限。截干高度10cm的萌枝在3月24日至4月20日期间生长缓慢，4月21日至6月25日期间快速生长，6月26日以后缓慢生长并趋于上限。截干高度15cm的萌枝在3月24日至4月28日期间缓慢生长，4月29日至6月28日期间生长较快，6月29日以后缓慢生长并趋于上限。由此表明：截干后萌枝生长量的积累过程呈现"慢-快-慢"的节律，迅速积累期在4月下旬至6月下旬，速生点在5月下旬。

表2-3 不同截干高度萌枝生长量Logistics模型拟合结果

截干高度	k	a	b	t_1	t_2	t_0	t_2-t_1	R^2	p
5cm	6.680	2.343	0.038	27（4.20）	98（6.30）	62（5.25）	70	0.979	0.000
10cm	5.970	2.428	0.040	28（4.21）	93（6.25）	60（5.23）	65	0.981	0.000
15cm	8.290	2.938	0.044	36（4.29）	96（6.28）	66（5.29）	59	0.983	0.000

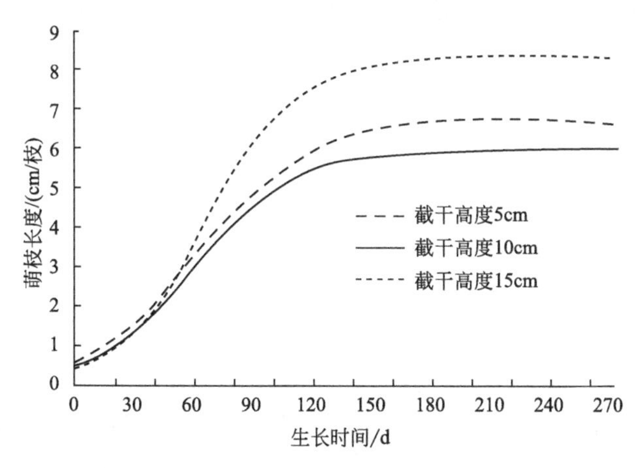

图2-4 萌枝累积生长量随截干时间的变化规律

由表 2-4 可知，截干高度 5cm、10cm 和 15cm 萌枝生长量月增量随时间呈先上升后下降趋势，不同截干高度萌枝生长量生长节律变化趋势相同。由表 2-4 还可知，5 月截干高度 5cm、10cm 和 15cm 的萌枝生长量月增量分别占其总萌枝生长量的 52.72%、54.40% 和 43.08%；6 月萌枝生长量月增量分别占其总萌枝生长量的 17.55%、18.64% 和 30.02%。5 月和 6 月萌枝生长量增量之和占总萌枝生长量的 70% 以上。这表明，云南松萌枝生长主要集中在 5 ～ 6 月份。

表 2-4　萌枝生长量月增量分析

截干高度	指标	5 月	6 月	7 月	8 月	9 月	10 月	11 月	12 月
5cm	均值 /cm	3.69	1.23	0.65	0.63	0.28	0.23	0.15	0.14
	百分比 /%	52.72	17.55	9.35	9.05	3.98	3.30	2.07	2.01
10cm	均值 /cm	3.40	1.17	0.51	0.50	0.39	0.03	0.09	0.17
	百分比 /%	54.40	18.64	8.21	7.93	6.26	0.56	1.46	2.64
15cm	均值 /cm	3.80	2.65	0.71	0.47	0.31	0.35	0.29	0.23
	百分比 /%	43.08	30.02	8.03	5.35	3.56	3.97	3.34	2.59

2.2.2.2　萌枝生长对截干高度的响应

由图 2-5 可知，截干高度 15cm 萌枝生长量增长速度最快，截干高度 5cm 次之，截干高度 10cm 最慢，截干高度 10cm 萌枝生长有滞后现象。从不同截干高度萌枝生长量整齐性来看，截干高度 10cm 萌枝生长量之间差异最小，萌枝生长量基本一致。从图 2-5 还可以看出，不同截干高度的萌枝生长量大小排序为截干高度 15cm> 截干高度 5cm> 截干高度 10cm，随截干高度的增大，萌

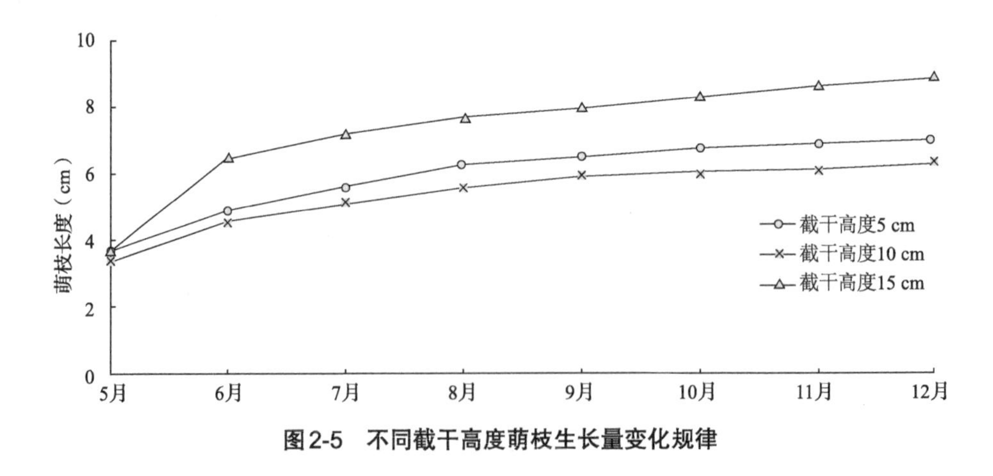

图 2-5　不同截干高度萌枝生长量变化规律

枝生长量呈先下降后上升的趋势，但不同截干高度间萌枝生长量无显著差异。由此说明，截干高度对云南松萌枝平均生长量无显著影响。

2.2.3 萌枝存活率对截干高度的响应

根据观测结果，截干高度 5cm、10cm、15cm 的萌枝存活率分别为 86.14%、76.26%、63.48%，见图 2-6。萌枝存活率开方后反正弦的弧度转化为角度进行方差分析，从图 2-6 可以看出，萌枝存活率截干高度 5cm> 截干高度 10cm> 截干高度 15cm，萌枝存活率随截干高度的增大而下降，不同截干高度间萌枝存活率存在显著差异（$p<0.05$）。由此表明，随截干高度的增大，萌枝存活率显著下降。

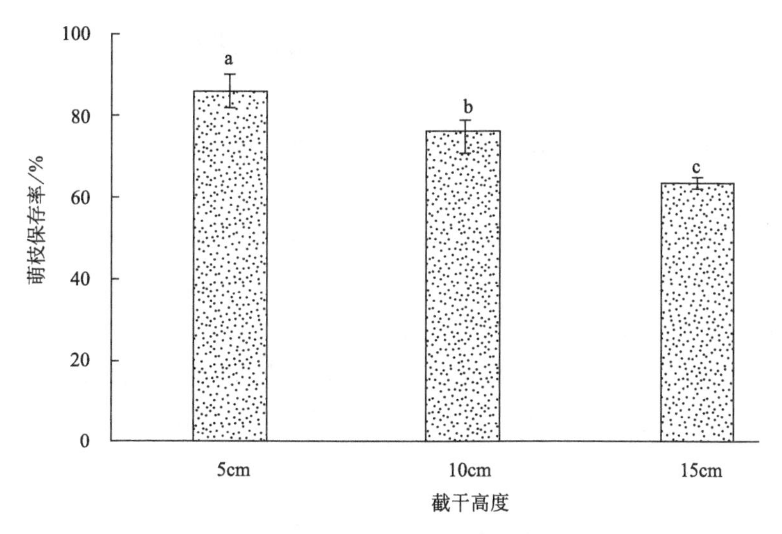

图2-6 不同截干高度萌枝存活率的变化规律

2.2.4 母株保存率对截干高度的响应

根据观测结果，截干高度 5cm、10cm、15cm 的母株保存率分别为 95.83%、100%、100%，见图 2-7。母株保存率开方后反正弦的弧度转化为角度后进行方差分析，从图 2-7 可以看出，母株保存率有随截干高度增大呈上升趋势，但不同截干高度间保存率不存在显著差异。由此表明，截干高度对母株保存率无显著影响。

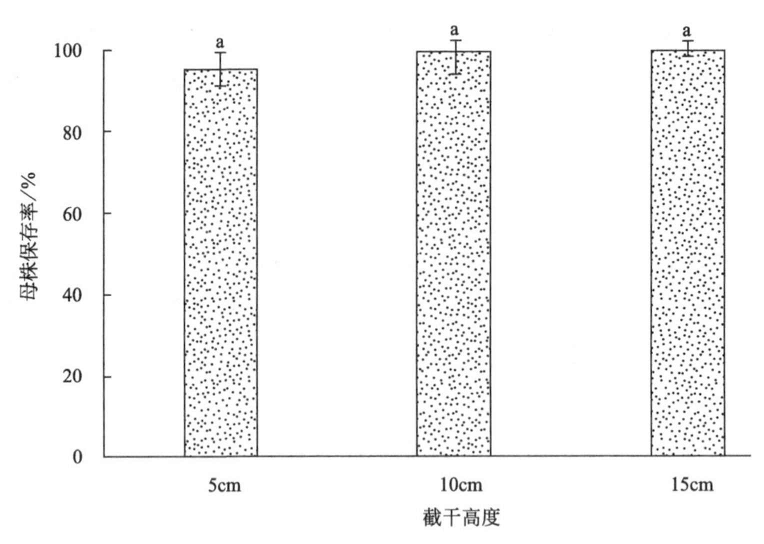

图2-7　不同截干高度母株保存率的变化规律

2.2.5　对照（未截干）苗高生长时间动态分析

由表2-5和图2-8可知，对照（未截干）苗高生长随时间变化可用Logistic方程描述，拟合达到极显著水平。苗高速生点为第79天，速生期起点为第32天，速生期结束为第127天。对照（未截干）苗高在3月24日至4月23日期间生长缓慢，4月24日至7月28日期间快速生长，7月29日以后缓慢生长并趋于上限。由此表明：对照（未截干）苗高的积累过程呈现“慢-快-慢”的节律。其中，迅速积累期在4月下旬至7月下旬，速生点在6月上旬。

表2-5　云南松苗高生长进程

指标	生长前期	速生期/速生点	生长后期	总计
时间段/d	0～31 （3.24～4.23）	32～127/79 （4.24～7.28/6.10）	128～273 （7.29～12.21）	0～273 （3.24～12.21）
持续时间/d	31	96	146	273
净生长量/mm	0.817	4.365	1.567	6.748
日均生长量/mm	0.026	0.045	0.011	/
累积生长量/cm	0.817	5.181	6.748	/
占理论极限/%	10.81	57.77	20.74	89.32

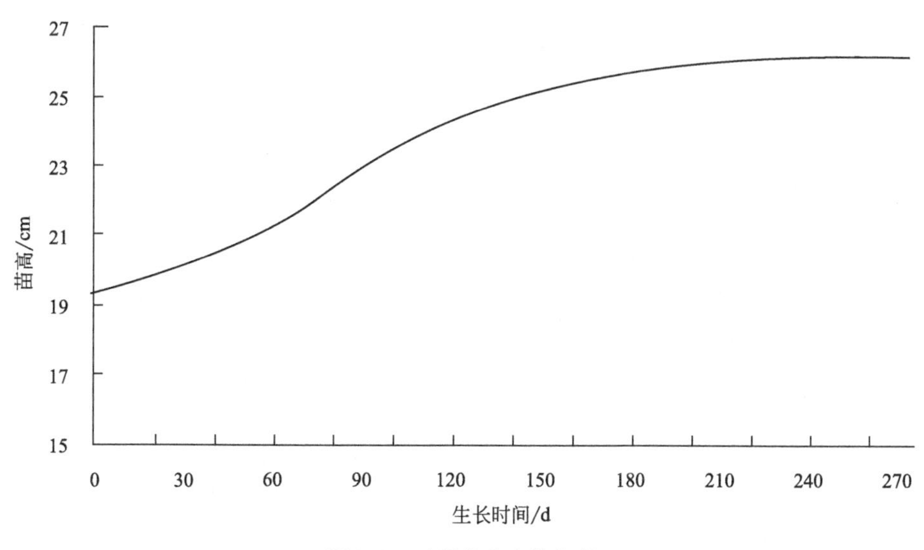

图2-8　对照苗高变化规律

2.2.6　生物量投资与分配对截干高度的响应

各处理生物量积累与分配结果如图 2-9 所示。不同处理间单株生物量的积累影响不显著。截干处理后，截干植株生物量受损，经一个生长季的补偿生长，不同处理间的单株生物量没有显著差异。

进一步分析根、茎、叶间的再分配情况。由图 2-9 可知，截干促进主根和侧根生物量积累，与对照相比，截干高度 5cm 和截干高度 10cm 显著提高主根生物量积累（$p<0.05$），截干高度 15cm 主根生物量也较对照增加，并表现出侧根生物量也略有提高。主根生物量与侧根生物量之和即根生物量以截干高度 10cm 最高，但不同处理间无显著差异。茎生物量的再分配表现为随截干高度降低，主干生物量降低，侧枝生物量增加，萌条枝生物量降低。叶生物量的再分配表现为随截干高度降低母株针叶生物量提高而萌条针叶生物量降低。综合来看，截干促进根系、侧枝及其针叶生物量的积累，且随着截干高度的降低而增加，以补偿因截干导致的损失。

进一步比较分析根冠比和各器官生物量分配占比（图 2-10）。结果表明：根冠比变化情况表现为：截干高度 5cm> 截干高度 10cm> 截干高度 15cm> 对照，截干提高根冠比，截干高度 5cm 根冠比显著大于对照（$p<0.05$），截干

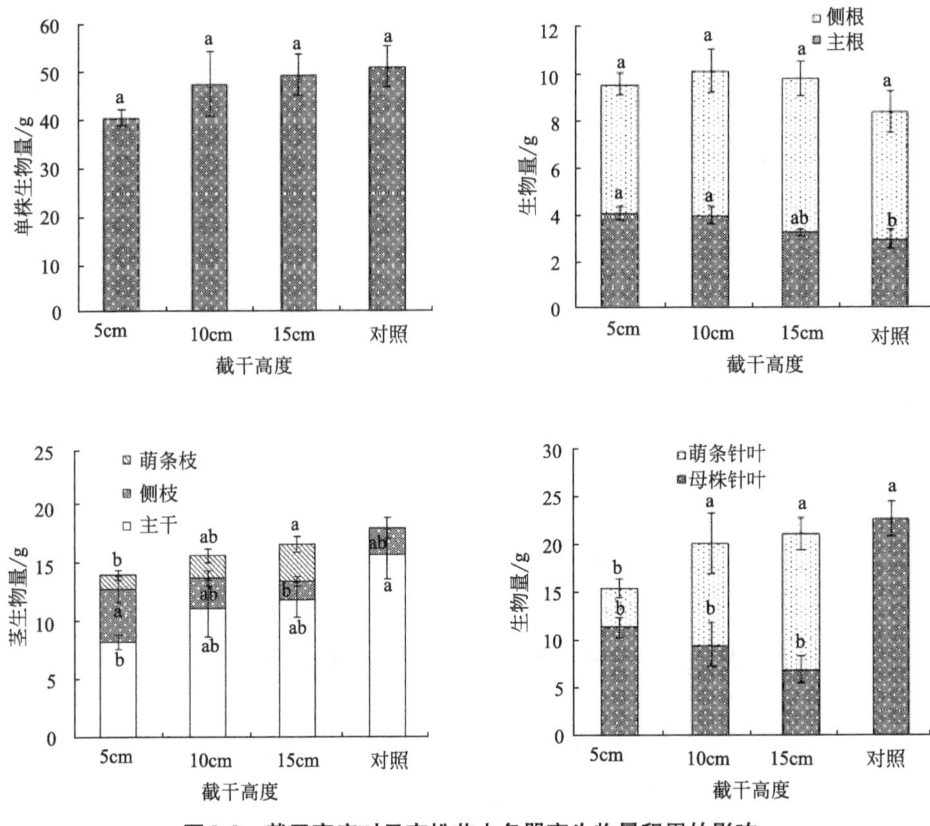

图2-9 截干高度对云南松苗木各器官生物量积累的影响

注：同一器官柱上不同字母表示差异显著（$p<0.05$）

高度10cm和15cm根冠比也较对照增加。截干影响主根生物量占比，表现为截干高度5cm高于其他处理，其中与对照间呈显著差异，但侧根生物量占比在不同处理间无显著差异。主干生物量占比表现为截干高度5cm<截干高度10cm<截干高度15cm<对照，且截干高度5cm显著低于对照；侧枝生物量占比在不同处理间差异显著，表现为截干高度5cm显著高于截干高度15cm；萌条枝生物量占比在不同处理间也存在显著差异，截干高度15cm显著高于截干高度5cm，即茎（含主干、侧枝和萌条枝）生物量再分配占比表现为：截干高度5cm主要分配于侧枝，对照主要分配于主干，截干高度15cm主要分配于萌条枝，综合主干、侧枝和萌条枝生物量占比之和（茎生物量占比）在不同处理间无显著差异。同样地，母株针叶生物量占比以对照最高，其次是截干高度5cm，而萌条针叶生物量占比以截干高度5cm较高。综合母株针叶生物量占比与萌条针叶生物量占比之和（针叶生物量占比）来看，不同处理间的针叶生物

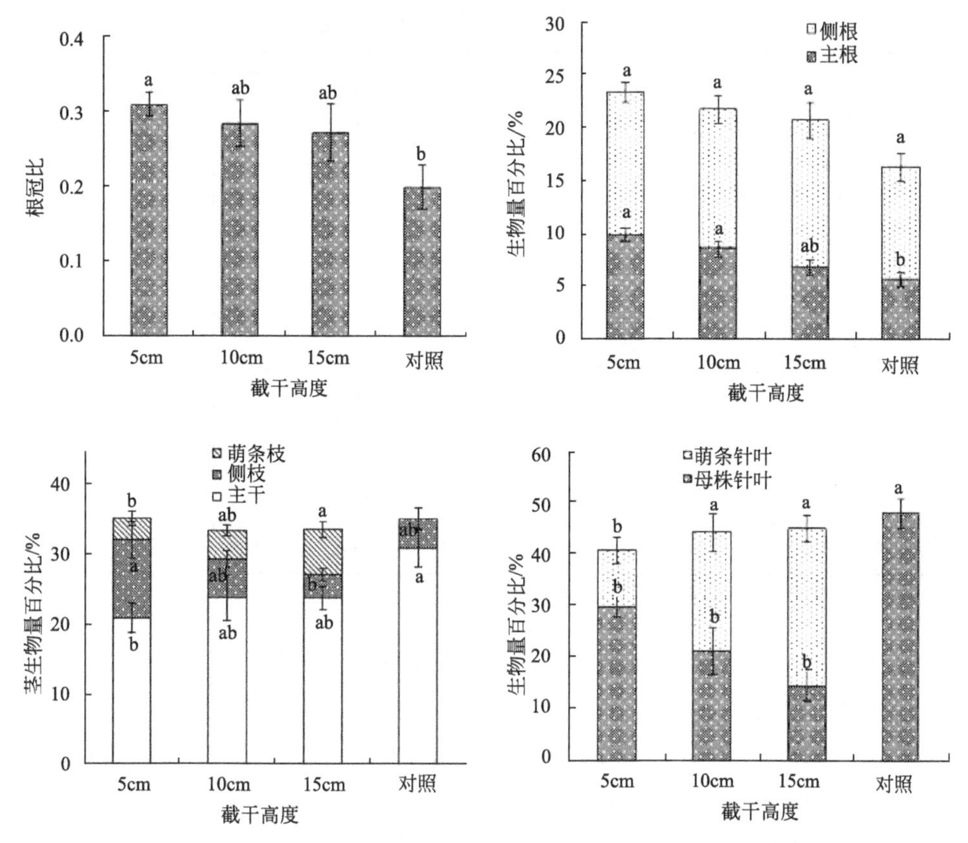

图2-10　截干高度对云南松苗木各器官生物量再分配占比的影响

量占比无显著差异。

对截干高度与根、茎、叶再分配后各器官（主根、侧根、主干、侧枝、萌条枝、母株针叶、萌条针叶）间生物量的相关关系进行分析。由表2-6可知，截干高度与主根生物量、侧枝生物量呈显著负相关（$p<0.05$），与萌条枝生物量呈显著正相关，与萌条针叶生物量呈极显著正相关（$p<0.01$）。由此表明，截干高度的降低有利于主根生物量和侧枝生物量的积累，但会减少萌条枝生物量和萌条针叶生物量，即减少萌条生物量的积累。各个器官间生物量的相关性分析表明，主根生物量与侧枝生物量、母株针叶生物量呈极显著正相关关系；主干生物量与萌条枝生物量和萌条针叶生物量呈极显著正相关关系；萌条枝与萌条针叶生物量呈极显著正相关关系（$p<0.01$），但侧枝生物量与主干生物量和萌条针叶生物量间均呈显著负相关关系，母株针叶生物量与萌条枝生物量呈显著负相关关系，其余指标两两间的相关性均不显著。

表2-6　截干高度与云南松苗木不同器官生物量间的相关系数

指标	截干高度	主根生物量	侧根生物量	主干生物量	侧枝生物量	母株针叶生物量	萌条枝生物量	萌条针叶生物量
截干高度	1							
主根生物量	−0.517*	1						
侧根生物量	0.287	0.370	1					
主干生物量	0.302	−0.126	−0.014	1				
侧枝生物量	−0.538*	0.691**	0.409	−0.441*	1			
母株针叶生物量	−0.395	0.706**	0.526*	−0.210	0.723**	1		
萌条枝生物量	0.444*	−0.301	0.031	0.684**	−0.398	−0.471*	1	
萌条针叶生物量	0.608**	−0.333	0.070	0.838**	−0.538*	−0.333	0.790**	1

注：* 相关性显著（$p<0.05$），** 相关性极显著（$p<0.01$）。

为进一步探讨云南松苗木根、茎、叶在不同截干高度处理间的相对生长关系，对根、茎、叶、地上部分、单株两两间的生物量进行相对生长关系分析，结果见表2-7。表2-7表明，在各成对生物量间相对生长关系中，不同处理间的异速生长指数（即斜率）无显著差异，均存在同质性，表明截干没有改变生长轨迹。除重度平茬（截干高度5cm）的叶-单株和轻度截干（截干高度15cm）的地上部分-单株间为异速生长关系外，其余均表现为等速生长关系，但随着截干高度的降低，根-单株、叶-单株、根-地上部分、叶-地上部分间的斜率逐渐增大，而茎-单株、地上部分-单株、叶-根、茎-根间的斜率逐渐减小。总体而言，根、叶相对于单株，其相对生长速率随截干高度的降低而逐渐增加；茎和地上部分相对于单株，其相对生长速率随截干高度的降低而逐渐减小；叶和茎相对于根，其相对生长速率随截干高度的降低而降低。

2.2.7　碳氮磷积累与分配对截干高度的响应

2.2.7.1　云南松苗木各器官碳氮磷含量

对不同截干高度和不同器官C、N、P含量及化学计量比进行双因素方差分析（表2-8）。结果表明，除C含量在不同截干高度间的差异不显著外，其

表2-7　云南松苗木各器官生物量间相对生长关系随截干高度的变化

器官	截干高度	斜率	p-1.0	类型	器官	截干高度	斜率	p-1.0	类型
根 - 单株	5cm	1.572	0.211	I	茎 - 地上部分	5cm	1.050	0.921	I
	10cm	0.927	0.833	I		10cm	1.017	0.952	I
	15cm	0.817	0.573	I		15cm	1.030	0.841	I
	对照	1.561	0.271	I		对照	1.436	0.187	I
茎 - 单株	5cm	1.028	0.958	I	叶 - 地上部分	5cm	1.617	0.099	I
	10cm	1.090	0.796	I		10cm	1.165	0.394	I
	15cm	1.237	0.216	I		15cm	1.064	0.535	I
	对照	1.510	0.132	I		对照	1.037	0.884	I
叶 - 单株	5cm	1.583	0.049	A	叶 - 茎	5cm	−1.540	0.422	I
	10cm	1.249	0.121	I		10cm	1.146	0.739	I
	15cm	1.279	0.058	I		15cm	1.033	0.888	I
	对照	1.091	0.769	I		对照	0.723	0.452	I
地上部分 - 单株	5cm	0.979	0.893	I	叶 - 根	5cm	1.007	0.984	I
	10cm	1.072	0.412	I		10cm	1.348	0.394	I
	15cm	1.201	0.033	A		15cm	1.565	0.246	I
	对照	1.052	0.680	I		对照	0.699	0.448	I
根 - 地上部分	5cm	1.605	0.303	I	茎 - 根	5cm	−0.654	0.408	I
	10cm	0.864	0.728	I		10cm	1.177	0.755	I
	15cm	0.680	0.317	I		15cm	1.514	0.283	I
	对照	1.484	0.383	I		对照	0.968	0.938	I

注：p-1.0 表示斜率与理论值 1.0 的差异显著性 p 值，A 表示异速生长关系，I 表示等速生长关系。

表 2-8　云南松苗木碳氮磷含量及其计量比的变异来源分析

变异来源	自由度	C			N			P		
		SS	*MS*	*F* 值	*SS*	*MS*	*F* 值	*SS*	*MS*	*F* 值
截干高度	3	412.600	137.533	1.776	42.757	14.252	149.091**	0.562	0.187	55.797**
器官	6	11797.922	1966.320	25.394**	205.582	34.264	358.430**	7.566	1.261	375.566**
截干高度 × 器官	16	3981.236	248.827	3.214**	49.141	3.071	32.129**	1.108	0.069	20.619**
误差	52	4026.433	77.431		4.971	0.096		0.175	0.003	
变异来源	自由度	$w(C):w(N)$			$w(C):w(P)$			$w(N):w(P)$		
		SS	*MS*	*F* 值	*SS*	*MS*	*F* 值	*SS*	*MS*	*F* 值
截干高度	3	10981.840	3660.613	138.274**	56080.229	18693.410	58.430**	9.200	3.067	21.251**
器官	6	41984.652	6997.442	264.318**	591189.452	98531.575	307.982**	144.277	24.046	166.621**
截干高度 × 器官	16	19309.950	1206.872	45.588**	93383.289	5836.456	18.243**	47.074	2.942	20.387**
误差	52	1376.627	26.474		16636.200	319.927		7.504	0.144	

注：C、N、P 分别为有机碳、全氮、全磷（下同）。*SS*、*MS* 分别代表平方和、均方。

* 表示差异显著（$p<0.05$），** 表示差异极显著（$p<0.01$）。

余均表现为极显著差异，即截干高度、器官及其截干高度 × 器官间交互作用对 C、N、P 含量的影响均明显。从表 2-8 还可以看出，C、N、P 含量主要受器官的影响，其次是截干高度，影响最小的是截干高度 × 器官间交互作用。

不同截干高度各器官间的 C、N、P 含量差异显著性检验见图 2-11。

从 C 含量来看（图 2-11A），除主干和侧枝有显著差异外，其余器官在不同截干高度处理间均无显著差异。N 含量的分析表明（图 2-11B），主根和侧根 N 含量表现出一样的变化趋势，即截干高度 10cm 显著高于截干高度 15cm 和对照，以截干高度 5cm 最低，并与其他处理间存在显著差异。母株针叶和萌条枝的 N 含量也表现为截干高度 10cm 显著高于截干高度 5cm 和截干高度 15cm。主干中的 N 含量表现为截干高度 10cm 显著高于截干高度 15cm 和对照，与截干高度 5cm 间无显著差异。侧枝中的 N 含量表现为截干高度 15cm 显著低于截干高度 5cm、截干高度 10cm 和对照。萌条针叶的 N 含量又以截干高度 5cm 最低，表现为截干高度 5cm 显著低于截干高度 10cm 和截干高度 15cm。综合各器官的平均值来看，N 含量在各截干处理中表现依次为：截干高度 10cm> 截干高度 15cm> 对照 > 截干高度 5cm。P 含量的分析可知（图 2-11C），母株针叶、萌条枝和萌条针叶均表现为截干高度 10cm 显著高于截干高度 5cm 和截干高度 15cm，其中截干高度 5cm 和截干高度 15cm 的母株针叶 P 含量无显著差异，而萌条枝和萌条针叶在截干高度 5cm 和截干高度 15cm 间存在显著差异。主根中 P 含量表现为截干高度 10cm 和截干高度 15cm 均显著高于截干高度 5cm 和对照。侧根中 P 含量以截干高度 15cm 和截干高度 10cm 显著高于截干高度 5cm、对照。主干中的 P 含量表现为截干高度 10cm 最高，与截干高度 15cm 间有显著差异。表现不一样的是侧枝中的 P 含量，以对照最高，并与截干高度 5cm、截干高度 15cm 间有显著差异。平均值来看，P 含量在各截干处理表现为截干高度 10cm> 截干高度 15cm> 截干高度 5cm> 对照。

综合来看，与对照相比，截干对 C 含量影响较小，对 N 和 P 含量影响较大，提高 N（截干高度 5cm 除外）和 P 含量，云南松主要以改变 N 和 P 含量对截干干扰做出响应。不同截干高度处理间，N 和 P 的含量在大多数器官中以截干 10cm 的较高，其次为截干高度 15cm，截干高度 5cm 最低。随着截干高度的增加，N 和 P 含量呈现先上升后下降的趋势。以上结果说明截干能够提高云南松各构件 N 和 P 含量，并以截干 10cm 效果最好。

对不同截干高度各器官间的 C、N、P 储量差异显著性检验见表 2-9。

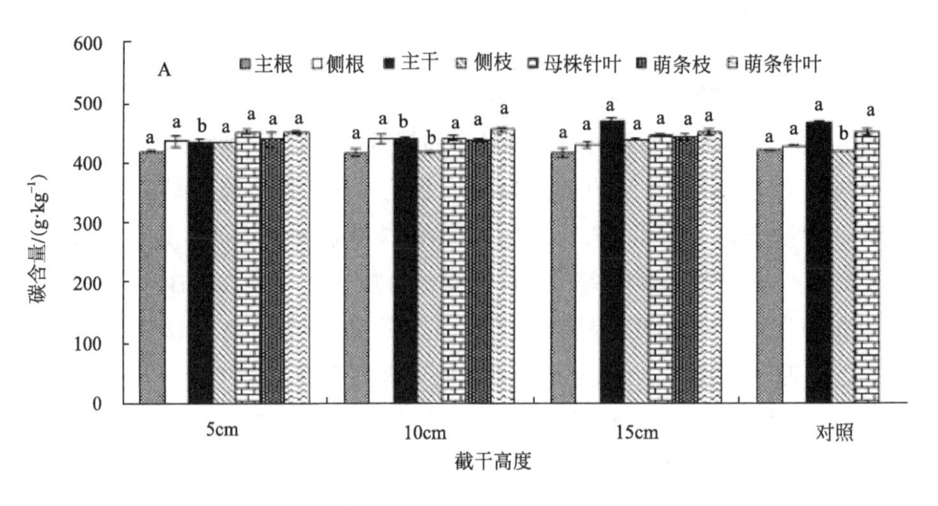

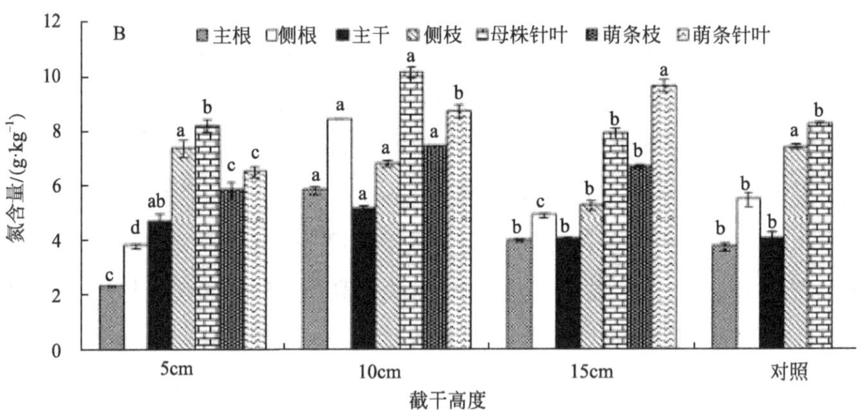

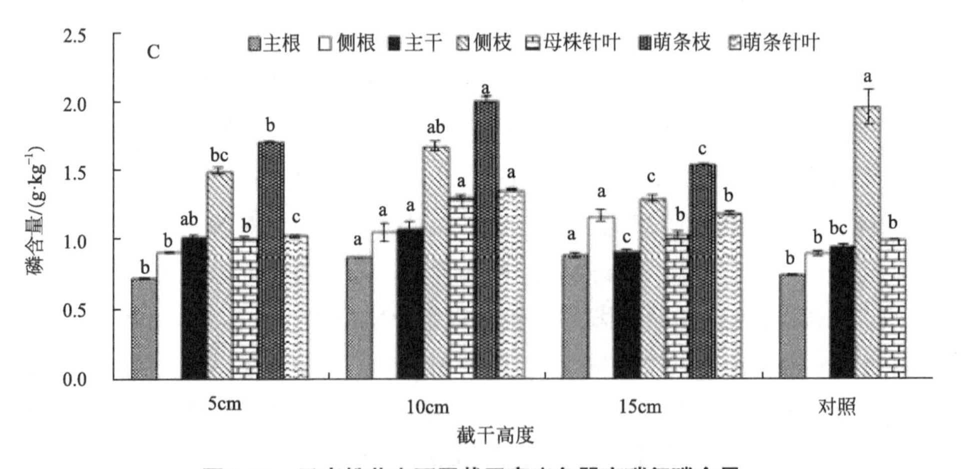

图2-11 云南松苗木不同截干高度各器官碳氮磷含量

注：不同小写字母表示同一器官不同截干高度间差异显著（p<0.05），A：碳含量，B：氮含量，C：磷含量。

表2-9　云南松苗木不同截干高度萌枝植株各个构件碳氮磷储量

指标	截干高度	地上构件储量 /g						地下构件储量 /g			单株储量 /g
		主干	侧枝	母株针叶	萌条枝	萌条针叶	地上	主根	侧根	地下	
碳	5cm	3.718 b	2.037 a	5.606 b	0.553 b	1.998 b	13.911 a	1.725 a	2.426 a	4.151 a	18.062
	10cm	5.083 ab	1.104 ab	4.556 b	0.878 ab	5.250 a	16.871 a	1.669 a	2.742 a	4.411 a	21.283
	15cm	5.763 ab	0.710 b	3.366 b	1.455 a	6.935 a	18.230 a	1.362 ab	2.850 a	4.212 a	22.442
	对照	7.580 a	0.984 ab	11.141 a			19.706 a	1.248 b	2.348 a	3.595 a	23.301
氮	5cm	0.039 b	0.034 a	0.100 b	0.007 b	0.028 b	0.208 a	0.009 b	0.021 b	0.031 b	0.239
	10cm	0.058 ab	0.018 ab	0.103 b	0.015 ab	0.098 a	0.292 a	0.023 a	0.051 a	0.075 a	0.366
	15cm	0.049 ab	0.008 b	0.058 b	0.022 a	0.145 a	0.283 a	0.013 b	0.032 b	0.045 b	0.328
	对照	0.065 a	0.017 ab	0.199 a			0.281 a	0.011 b	0.029 b	0.040 b	0.322
磷	5cm	0.009 b	0.007 a	0.012 b	0.002 a	0.005 b	0.035 a	0.003 b	0.005 b	0.008 ab	0.043
	10cm	0.013 ab	0.004 ab	0.014 b	0.004 a	0.016 a	0.050 a	0.004 a	0.007 ab	0.010 ab	0.06
	15cm	0.011 ab	0.002 b	0.008 b	0.005 a	0.018 a	0.044 a	0.003 a	0.008 a	0.011 a	0.055
	对照	0.016 a	0.005 ab	0.025 a			0.045 a	0.002 a	0.005 b	0.007 b	0.052

注：不同小写字母表示同一器官在不同截干高度间差异显著（$p<0.05$）。

由表 2-9 可知，截干降低主干、母株针叶、地上、单株碳储量，提高主根、侧根和地下碳储量。母株针叶碳储量以对照显著高于截干处理；主干碳储量以对照显著高于截干高度 5cm；侧枝碳储量以截干高度 5cm 显著大于截干高度 15cm；萌条枝碳储量以截干高度 15cm 显著大于截干高度 5cm；萌条针叶碳储量以截干高度 10cm 和 15cm 显著大于截干高度 5cm。主根碳储量以截干高度 5cm 和 10cm 显著大于对照；侧根碳储量以截干高度 15cm 最高、地下碳储量以截干高度 10cm 最高。

截干降低主干、母株针叶氮储量，截干高度 10cm 和 15cm 提高地下、主根和侧根氮储量。地上氮储量以截干高度 10cm 最高，但不同处理间无显著差异；母株针叶氮储量以对照显著高于截干处理；主干氮储量以对照显著高于截干高度 5cm；侧枝氮储量以截干高度 5cm 显著大于截干高度 15cm；萌条枝氮储量以截干高度 15cm 显著大于截干高度 5cm；萌条针叶氮储量以截干高度 10cm 和 15cm 显著大于截干高度 5cm。地下、主根和侧根氮储量以截干高度 10cm 最高，显著大于其他处理和对照。

截干降低主干、母株针叶中磷储量，提高主根、侧根和地下磷储量。地上磷储量以截干高度 10cm 最高，但不同处理间无显著差异；母株针叶中磷储量以对照显著高于截干处理；主干中磷储量以对照显著高于截干高度 5cm；侧枝磷储量以截干高度 5cm 显著大于截干高度 15cm；萌条枝磷储量以截干高度 15cm 较大；萌条针叶磷储量以截干高度 10cm 和 15cm 显著大于截干高度 5cm。主根磷储量以截干高度 10cm 最高，侧根磷储量以截干高度 15cm 显著大于截干高度 5cm 和对照，地下磷储量以截干高度 15cm 显著大于对照。

综上所述，与对照相比，截干提高地下、主根、侧根的碳、氮、磷储量。不同截干高度间碳、氮、磷储量在地上各器官中的变化无明显规律，而地下、侧根和主根氮储量变化规律较为明显，以截干高度 10cm 最高。

截干改变碳、氮、磷在各器官中的积累，相应地改变其分配模式（表 2-10）。从表 2-10 可以看出，与对照相比，截干提高地下碳的分配比例，而降低地上碳的分配比例。母株针叶碳分配比例是对照显著高于截干处理，不同处理间存在显著差异；主干碳的分配比例是对照显著高于截干处理；侧枝碳的分配比例是截干高度 5cm 显著大于其他处理及对照；萌条枝碳的分配比例是截干高度 15cm 显著大于截干高度 5cm；萌条针叶碳的分配比例是截干高度 10cm 和 15cm 显著大于截干高度 5cm。主根碳的分配比例是截干高度 5cm 显著大于截

表2-10　云南松苗木不同截干高度萌枝植株各个构件碳氮磷分配格局

指标	截干高度	地上构件 /%						地下构件 /%			地上 / 地下
		主干	侧枝	母株针叶	萌条枝	萌条针叶	地上	主根	侧根	地下	
碳	5cm	20.989 b	11.083 a	30.809 b	3.084 b	11.114 b	77.076 b	9.531 a	13.390 a	22.924 a	0.300 a
	10cm	24.062 b	5.318 b	21.495 c	4.062 ab	23.668 a	78.607 b	8.242 ab	13.153 a	21.393 a	0.275 ab
	15cm	25.241 b	3.261 b	14.428 c	6.410 a	30.887 a	80.227 ab	6.473 bc	13.299 a	19.773 ab	0.256 ab
	对照	32.373 a	3.917 b	48.226 a	—	—	84.517 a	5.424 c	10.063 a	15.483 b	0.187 b
氮	5cm	16.803 a	13.781 a	41.570 b	3.083 b	12.049 c	87.281 a	3.959 b	8.759 b	12.719 b	0.147 b
	10cm	16.368 a	4.857 b	27.615 c	4.040 ab	26.277 b	79.155 b	6.565 a	14.277 a	20.845 a	0.267 a
	15cm	14.737 a	2.687 b	17.236 d	6.536 a	44.258 a	85.457 a	4.224 b	10.322 b	14.543 b	0.173 b
	对照	20.209 a	4.816 b	62.253 a	—	—	87.277 a	3.469 b	9.253 b	12.723 b	0.149 b
磷	5cm	20.684 b	15.739 a	29.133 b	4.983 a	10.683 b	81.221 ab	6.939 a	11.840 ab	18.779 ab	0.231 ab
	10cm	20.925 b	7.517 b	22.573 bc	6.588 a	25.043 a	82.643 ab	6.192 a	11.165 ab	17.357 ab	0.213 ab
	15cm	19.949 b	3.899 b	13.660 c	8.989 a	33.217 a	79.714 b	5.626 ab	14.661 a	20.286 a	0.262 a
	对照	29.867 a	7.891 b	48.201 a	—	—	85.959 a	4.410 b	9.630 b	14.041 b	0.164 b

注：不同小写字母表示同一器官在不同截干高度间差异显著（$p<0.05$）。

干高度15cm和对照；侧根碳的分配比例是截干高度5cm最高，但不同处理间无显著差异；地下碳储量是截干高度5cm、10cm显著大于对照。

截干降低地上氮分配比例，提高主根、侧根和地下氮分配比例。地上氮分配比例是截干高度10cm最低，显著低于其他处理及对照；母株针叶中氮分配比例是对照显著高于截干处理，不同处理间存在显著差异；主干氮分配比例是对照最高，不同处理间无显著差异；侧枝氮分配比例是截干高度5cm显著大于其他处理及对照；萌条枝氮分配比例是截干高度15cm显著大于截干高度5cm；萌条针叶氮分配比例是截干高度15cm显著大于截干高度10cm和5cm，且截干高度10cm显著大于截干高度5cm。主根、侧根和地下氮分配比例是截干高度10cm最高，显著大于其他处理和对照。

截干降低地上磷分配比例，提高地下磷分配比例。地上磷分配比例是截干高度15cm最低，显著低于对照；母株针叶中磷分配比例是对照显著高于截干处理，不同处理间存在显著差异；主干中磷分配比例是对照显著高于截干处理；侧枝磷分配比例是截干高度5cm显著大于其他处理及对照；萌条枝磷分配比例在不同截干高度间无显著差异；萌条针叶磷分配比例是截干高度10cm和15cm显著大于截干高度5cm。主根磷分配比例是截干高度10cm和5cm显著大于对照；地下、侧根磷分配比例是截干高度15cm显著大于对照。

综合来看，与对照相比，截干提高地下碳、氮、磷的分配比例，降低地上碳、氮、磷的分配比例，表现为植株受截干干扰后，体内养分元素通过降低地上部分的分配来增加地下根系的分配，即优先保证根系生长所需。不同截干高度，碳、氮、磷分配比例在地上各器官中的变化无明显规律，而地下、侧根和主根氮分配比例变化规律较为明显，截干高度10cm显著高于其他处理及对照。

2.2.7.2 云南松苗木各器官碳氮磷化学计量比

截干高度、器官及其截干高度×器官交互作用对$w(C):w(N)$、$w(C):w(P)$和$w(N):w(P)$均有显著影响（表2-8），其中受器官的影响最大，其次是受截干高度的影响，截干高度与器官交互作用的影响最小。

从$w(C):w(N)$来看（图2-12A），测定的7个器官中有5个器官（主根、侧根、母株针叶、萌条枝和萌条针叶）均表现为截干高度5cm显著高于截干高度10cm，其中主根、侧根和母株针叶中均以截干高度10cm最低，并与其余3

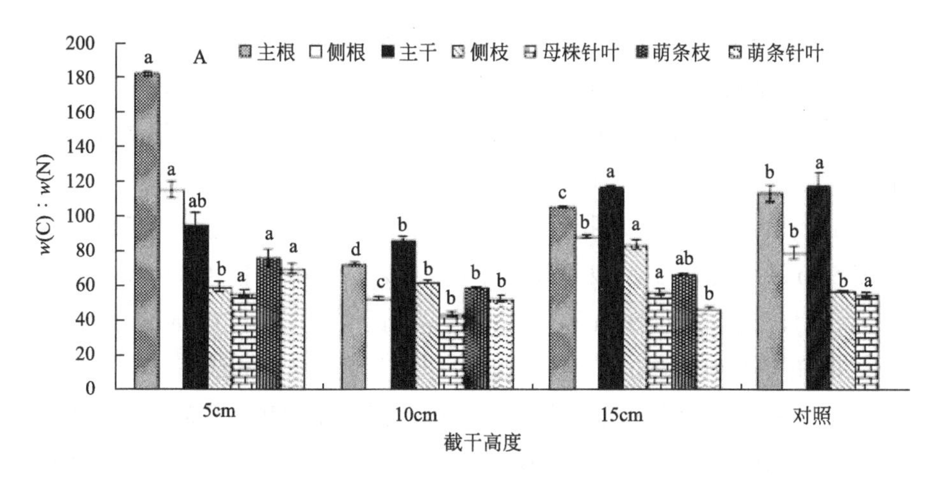

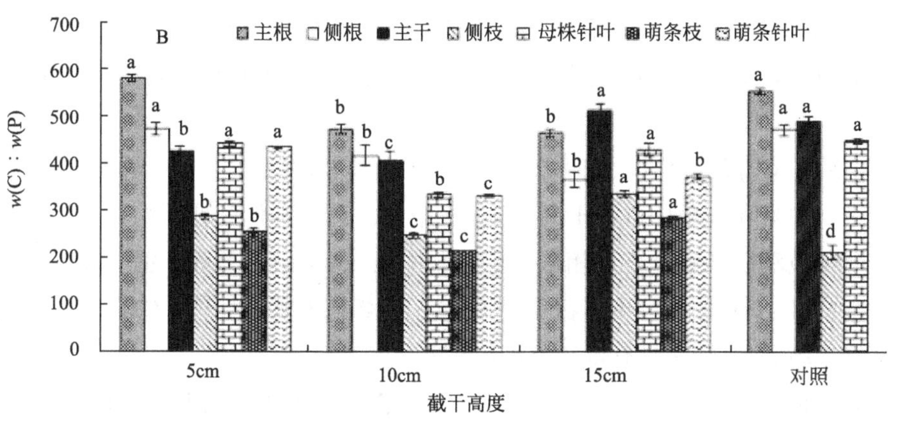

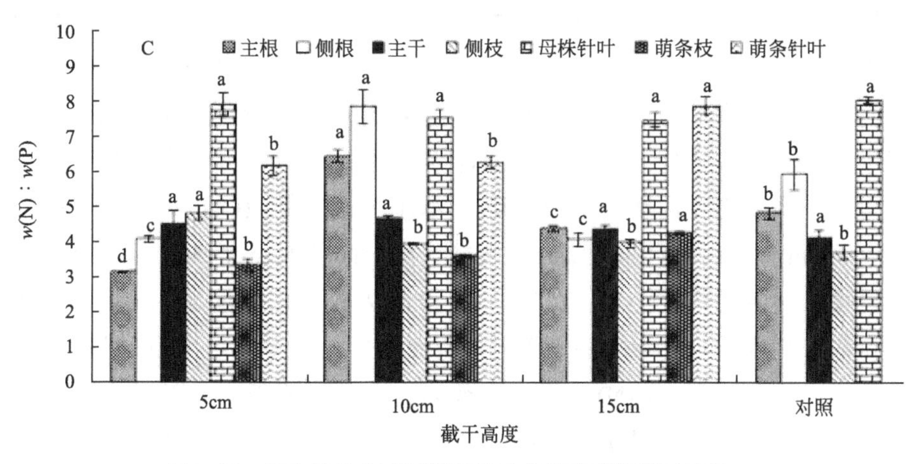

图2-12　云南松苗木不同截干高度各器官碳氮磷计量比

注：不同小写字母表示同一器官不同截干高度间差异显著（$p<0.05$）。

A—$w(\mathrm{C}):w(\mathrm{N})$；B—$w(\mathrm{C}):w(\mathrm{P})$；C—$w(\mathrm{N}):w(\mathrm{P})$

个处理间有显著差异。主干的 *w*(C)∶*w*(N) 则表现为截干高度 15cm 与对照接近并显著高于截干高度 10cm。侧枝中以截干高度 15cm 最高，并与其余 3 个处理间有显著差异。*w*(C)∶*w*(N) 总体表现与 N 含量相反，为截干高度 10cm< 截干高度 15cm< 对照 < 截干高度 5cm。

从 *w*(C)∶*w*(P) 来看（图 2-12B），主根与侧根的变化趋势较相似，以截干高度 5cm 和对照较高，截干高度 10cm 次之，以截干高度 15cm 最低，差异分析表明，截干高度 5cm 和对照均显著高于截干高度 15cm 和截干高度 10cm。但在主干和侧枝中，表现相反，以截干高度 15cm 最高，其次为截干高度 5cm，以截干高度 10cm 最低。同样地，在母株针叶、萌条枝和萌条针叶 3 个器官中，*w*(C)∶*w*(P) 也表现为以截干高度 10cm 最低，其中母株针叶和萌条针叶均为截干高度 5cm 最高，萌条枝以截干高度 15cm 最高。综合表现与 P 含量相反，*w*(C)∶*w*(P) 为截干高度 10cm< 截干高度 15cm< 截干高度 5cm< 对照。

w(N)∶*w*(P) 的变化以主干和母株针叶较为稳定（图 2-12C），不同处理间差异较小。主根和侧根中以截干高度 10cm 最高，且与其他处理间均存在显著差异。萌条枝和萌条针叶表现相似，均以截干高度 15cm 显著高于截干高度 5cm 和截干高度 10cm。侧枝中以截干高度 5cm 显著高于其他处理。综合表现为截干高度 10cm> 对照 > 截干高度 15cm>截干高度 5cm。

总体来看，*w*(C)∶*w*(N)、*w*(C)∶*w*(P) 和 *w*(N)∶*w*(P) 化学计量比受截干高度、器官及其截干高度 × 器官交互作用的影响，但不同器官、不同元素，其变化的趋势有所不同，与对照相比，截干降低主干的 *w*(C)∶*w*(N) 而提高侧枝中的 *w*(C)∶*w*(N)、降低母株针叶中的 *w*(C)∶*w*(P) 而提高侧枝中的 *w*(C)∶*w*(P)，截干提高主干与侧枝中的 *w*(N)∶*w*(P) 而降低母株针叶中的 *w*(N)∶*w*(P)。不同截干高度也会出现一定的波动，*w*(C)∶*w*(N) 和 *w*(C)∶*w*(P) 表现在截干高度 10cm 最低，截干高度 15cm 次之，截干高度 5cm 最高，即随着截干高度的增加，*w*(C)∶*w*(N) 和 *w*(C)∶*w*(P) 表现为先降低后增加；*w*(N)∶*w*(P) 表现在截干高度 5cm 最低，截干高度 15cm 次之，截干高度 10cm 最高，即随着截干高度的增加，*w*(N)∶*w*(P) 表现为先上升后降低。截干影响 C、N、P 含量进而改变化学计量比，在所设置的 3 个梯度中，截干高度 10cm 能提高氮磷化学计量比，而降低（5cm）或增加截干高度（15cm）均降低氮磷化学计量比。

2.2.7.3 云南松苗木各器官碳氮磷及其计量比的变异特征

由图 2-13 可知，不同截干高度各营养元素含量及其计量比的变异系数均较低，其中以 C 的稳定性较高，$w(N):w(P)$ 的稍高。各处理稳定性均表现为 C>P>$w(C):w(P)$>$w(N):w(P)$。随着截干高度的增加，C 含量的变异系数在主根、侧枝、母株针叶中先上升后下降，在茎中先下降后上升，在萌条针叶中上升，在侧根、萌条枝中下降；N 含量在主根中先上升后下降，在茎和萌条针叶中下降，在其余器官中先下降后上升；P 含量在侧根、茎、侧枝和萌条枝中先上升后下降，在主根和萌条针叶中先下降后上升，在母株针叶中上升；$w(C):w(N)$ 在主根中先上升后下降，在侧枝中先下降后上升，在侧根、茎、母株针叶、萌条枝和萌条针叶中下降；$w(C):w(P)$ 在主根、侧根、茎中先上升后下降，在侧枝和萌条枝中先下降后上升，在母株针叶和萌条针叶中上升；$w(N):w(P)$ 在主根、侧根中先上升后下降，在萌条枝中下降，在其余器官中先下降后上升。

各器官在不同处理中变异系数大小表现为：截干高度 5cm 中，主根＜母株针叶＜萌条针叶＜侧根＜侧枝＜萌条枝＜茎。截干高度 10cm 中表现为：萌

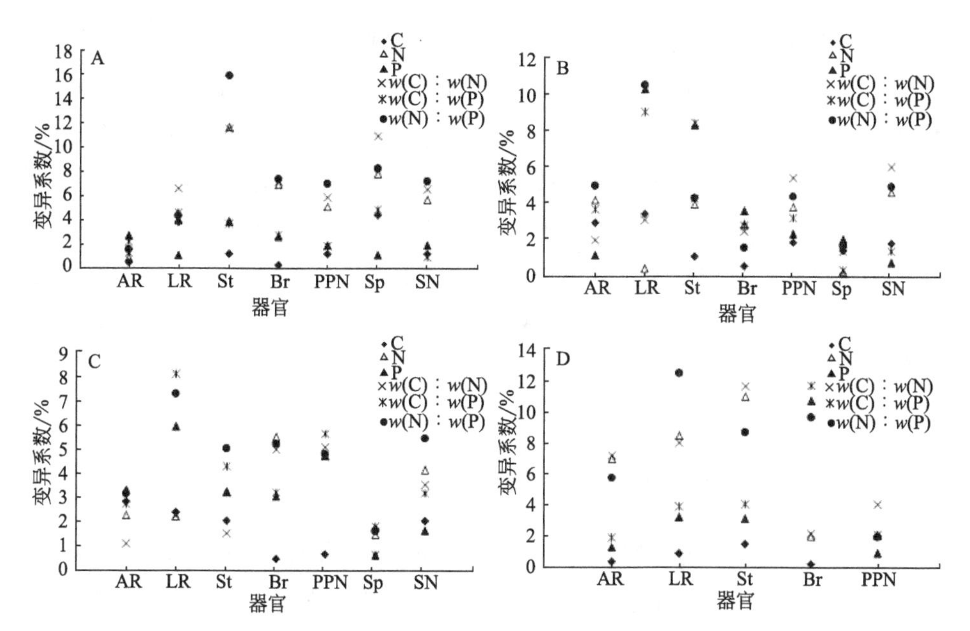

图2-13 云南松苗木不同截干高度各器官碳氮磷含量及其计量比的变异系数

注：图中 AR 为主根、LR 为侧根、St 为茎、Br 为侧枝、PPN 为母株针叶、Sp 为萌条、SN 为萌条针叶。

A: 截干高度 5cm，B：截干高度 10cm，C：截干高度 15cm，D：对照

条枝＜侧枝＜主根＜萌条针叶＜母株针叶＜茎＜侧根。截干高度15cm中表现为：萌条枝＜主根＜茎＜萌条针叶＜侧枝＜母株针叶＜侧根。对照中表现为：母株针叶＜主根＜侧枝＜侧根＜茎。综合来看，截干处理对各营养元素的影响较小，各器官不同营养元素的稳定性在不同处理间不一致，总体以C的稳定性较高，w(N)∶w(P)的波动稍大。

2.2.7.4 云南松苗木各器官碳氮磷的相关关系

由表2-11可知，除C与N、P、w(C)∶w(N)和w(C)∶w(P)间的相关性随截干高度的变化发生一定的改变外，其余两两间的正、负相关性均保持不变。各处理的N与P含量均表现为正相关关系，其中在截干高度5cm和对照中表现为显著正相关（$p<0.05$），在截干高度10cm和截干高度15cm的相关性未达到显著水平。C含量与N含量在截干3个处理中表现为正相关关系，其中在截干高度5cm中表现为极显著正相关关系，在截干高度10cm中表现为显著正相关关系。C含量与P含量在截干高度5cm和截干高度10cm中表现为正相关关系，在截干高度15cm和对照表现为负相关关系，相关性均未达到显著水平。综合来看，C与N、C与P间的相关性随截干高度的增加而减弱。

进一步分析各元素含量与化学计量比间的相关性，结果表明，3个截干高度及对照均表现为w(C)∶w(N)与N含量之间的相关系数大且达到极显著负相关，而与C的相关系数小，即w(C)∶w(N)主要是受N元素的调控。w(C)∶w(P)与P含量之间的相关系数大（负相关），同样地，w(C)∶w(P)主要是受P元素的调控。w(N)∶w(P)与N或P之间的相关性在截干高度10cm中表现以P含量之间的相关系数最大（$r=-0.675^{**}$），在其余处理中以N含量之间的相关系数最大（正相关），在截干高度5cm和截干高度15cm中为极显著正相关关系，在对照中未达到显著水平。综合来看，云南松苗木的生长以N调控为主。

2.2.7.5 云南松苗木碳氮磷含量的异速生长关系

对不同截干高度各器官的C、N、P含量两两间进行异速生长关系的分析（表2-12）。结果表明，除截干高度10cm和对照的N和P含量间为等速生长关系外，其余的均表现为异速生长关系。进一步比较异速生长指数，在不同截干高度间差异不显著，其中截干高度5cm和截干高度15cm处理的N和P含量

表2-11 云南松苗木碳氮磷含量及其化学计量比间的相关系数

截干高度	指标	C	N	P	w(C)∶w(N)	w(C)∶w(P)	w(N)∶w(P)
5cm	C	1					
	N	0.552**	1				
	P	0.157	0.505*	1			
	w(C)∶w(N)	−0.570**	−0.938**	−0.607**	1		
	w(C)∶w(P)	−0.198	−0.590**	−0.979**	0.719**	1	
	w(N)∶w(P)	0.568**	0.774**	−0.141	−0.648**	0.031	1
10cm	C	1					
	N	0.451*	1				
	P	0.063	0.197	1			
	w(C)∶w(N)	−0.278	−0.960**	−0.300	1		
	w(C)∶w(P)	−0.052	−0.267	−0.978**	0.358	1	
	w(N)∶w(P)	0.213	0.564**	−0.675**	−0.483*	0.633**	1
15cm	C	1					
	N	0.239	1				
	P	−0.044	0.362	1			
	w(C)∶w(N)	−0.042	−0.953**	−0.527*	1		
	w(C)∶w(P)	0.276	−0.371	−0.958**	0.572**	1	
	w(N)∶w(P)	0.275	0.868**	−0.142	−0.744**	0.111	1
对照	C	1					
	N	−0.068	1				
	P	−0.337	0.557*	1			
	w(C)∶w(N)	0.258	−0.965**	−0.583*	1		
	w(C)∶w(P)	0.327	−0.641*	−0.984**	0.676**	1	
	w(N)∶w(P)	0.224	0.509	−0.426	−0.457	0.326	1

注：* 相关性显著（$p<0.05$），** 相关性极显著（$p<0.01$）。

间表现为显著大于 1 的异速生长指数，表明 N 的积累显著大于 P 的积累；其他均表现为小于 1 的异速生长指数，即 C 的积累低于 N 的积累速度，同样地，C 的积累速度也低于 P 的积累速度。

表2-12 云南松苗木碳氮磷含量间的异速生长关系

Y-X	处理	*n*	R^2	*P*	斜率	95%*CI*	截距	95%*CI*	*p*-1.0	类型
C-N	5cm	21	0.354	0.004	0.073a	0.050 ～ 0.107	2.568a	2.575 ～ 2.617	0	*A*
	10cm	21	0.193	0.046	0.150a	0.099 ～ 0.228	2.549b	2.460 ～ 2.572	0	*A*
	15cm	21	0.058	0.295	0.123a	0.078 ～ 0.192	2.566a	2.514 ～ 2.602	0	*A*
	对照	15	0.008	0.754	−0.135a	−0.237 ～ −0.076	2.563ab	2.684 ～ 2.807	0	*A*
C-P	5cm	21	0.055	0.307	0.110a	0.070 ～ 0.173	2.642	2.635 ～ 2.651	0	*A*
	10cm	21	0.015	0.594	0.125a	0.079 ～ 0.198	2.629	2.62 ～ 2.642	0	*A*
	15cm	21	0.001	0.916	−0.209a	−0.332 ～ −0.132	2.643	2.651 ～ 2.675	0	*A*
	对照	15	0.070	0.339	−0.132a	−0.228 ～ −0.076	2.643	2.636 ～ 2.663	0	*A*
N-P	5cm	21	0.421	0.001	1.506a	1.053 ～ 2.153	0.658	0.574 ～ 0.720	0.026	*A*
	10cm	21	0.095	0.173	0.833a	0.535 ～ 1.296	0.718	0.698 ～ 0.835	0.411	*I*
	15cm	21	0.227	0.029	1.707a	1.132 ～ 2.573	0.688	0.585 ～ 0.738	0.012	*A*
	对照	15	0.388	0.013	0.978a	0.622 ～ 1.539	0.707	0.644 ～ 0.785	0.921	*I*

注：*p*-1.0表示斜率与理论值1.0的差异显著性，不同小写字母表示处理间差异显著（$p < 0.05$），*A*表示异速生长关系，*I*表示等速生长关系。

2.3 讨论

2.3.1 云南松萌枝能力对截干高度的响应

截干提高云南松伐桩萌枝能力，不同截干高度间存在明显差异。对照（未截干）没有萌枝发生，云南松不同截干高度萌枝累积数量分别为12.82个、19.72个、22.71个，截干提高云南松萌枝能力。去顶诱导腋芽生长是枝条得以继续正常生长发育的重要机制（Beveridge et al，2000），伐桩上的休眠芽或不定芽在其刺激下萌发成条（Paige and Whitham，1987；张显强，2016），可以明显提高植物的萌枝能力（龙伟等，2019；张泽宁等，2020；刘敬灶，2021）。采穗圃是生产遗传品质优良繁殖材料的场所，截干促萌是采穗圃经营的关键技术，截干提高云南松的萌枝能力，对于云南松采穗圃营建具有重要意义。云南松不同截干高度的萌枝格局存在差异，表现为：随着截干高度的增大，云南松萌枝数量呈上升趋势（但截干高度10cm和15cm间无显著差异）、萌枝生长量无显著差异、萌枝存活率呈显著下降趋势。云南松萌枝数量随截干高度呈上升趋势，伐桩所含芽的数量是主要影响因素。伐桩高度越高，伐桩上的不定芽数量越多（吕仕洪等，2015；刘振湘等，2020；张泽宁等，2020），伐桩水分、养分供应越充足，也越有利于获得更多光资源（欧阳菁，2012；郑颖，2021），有利于伐桩萌发更多的萌枝，两者为正相关关系。云南松截干高度10cm和15cm萌枝数量显著地高于截干5cm，但截干高度10cm和15cm之间无显著差异，说明截干高度10cm和15cm都可以获得较好的促萌效果。云南松萌枝生长量在不同截干高度间并无显著差异，说明截干高度不是萌枝生长量影响的主要因素。除截干高度外，萌枝生长量还与母株营养状况、光资源有关（张耀雄，2015）、伐桩直径（杨文君等，2017）、伐桩上萌条数量（刘志龙，2010）和土壤营养储存有关（朱万泽等，2007）。云南松不同截干高度萌枝存活率存在显著差异，截干高度15cm萌枝数量最多，伐桩上萌枝之间存在激烈的竞争，其萌枝存活率最低；截干10cm萌枝数量较多，伐桩上萌枝之间竞争激烈程度有所下降，其萌枝存活率居中；截干5cm萌枝数量最少，伐桩上萌枝之间相互竞争最低，其萌枝存活率最高。同一伐桩上拥有营养、水分和光照等资源有限，萌枝数越多，竞争就更为激烈。同一伐桩上萌枝间的竞争加剧，从而导致萌枝死亡数量上升（O'Hara et al，2010；黄开勇，2016；吉生丽，2019），即萌枝更新的自疏过程（李景文等，2005；Lockhart and Chambers，2007）。因此，不同截干高度萌枝格局形成，取决于萌枝数、存活率、生长量三者之间的权衡（张泽宁等，2020）。云南松截干后，截干高度10cm和15cm的萌枝数量无显著差异，且都显著高于截干高度5cm，萌枝存活率截干高度10cm显著高于截干高度15cm，生长量不同截干高度间并无显著差异。从萌枝数量、存活率、生长量三者来看，云南松截干高度10cm时既可以获得较多萌枝，又有较高的萌枝存活率，而萌枝生长量与其他截干高度也无显著差异。因此，截干高度10cm的萌枝格局较好权衡三者之间关系。随截干高度的增加云南松母株保存率呈上升趋势，但截干高度间无显著差异。马占相思（*Acacia mangium*）、茶条木（*Delavaya toxocarpa*）和晚松高伐桩的存活率大于矮伐桩的存活率（黄世能，1990；吕仕洪等，2015；高茜茜，2018）。其原因可能是高桩比低桩储存更多的营养物质，使其在不利环境条件下具有更强的抗逆能力（吕仕洪等，2015）。晚松定干高度5cm时，仅剩主干部分，母株大量死亡（高茜茜，2018），来端（2001）研究表明，截顶高度过低，植株上针叶少，光合作用弱，吸收水肥能力差，影响萌枝数量和质量，严重的还会影响母株成活。本研究发现，仅截干高度5cm母株有死亡现象，部分母株截干后伐桩上没有针叶，光合作用和蒸腾作用弱，推测可能是导致母株死亡的原因。因此，截干高度过低不利于母株存活。

2.3.2 截干对云南松苗木生物量分配特征及相对生长关系的影响

生物量投资与分配对截干做出响应，云南松苗木各器官的相对生长速率不同，光合产物在各器官间的分配量也不相等，不同处理苗木各器官生物量的积累与分配存在差异，但均表现为叶（约45%）>茎（约35%）>根（约25%），体现了资源分配的权衡性，这与前人的研究结果一致（蔡年辉等，2019；李亚麒等，2021）。这种资源倾斜于叶的分配符合生物量的异速分配假说（McConnaughay & Coleman，1999；Poorter et al，2012），可迅速提高云南松苗木的光合性能，使其生长速度加快，光合产物增加，生态适应性增强（顾大形等，2011）。叶投资的增多，叶生物量逐渐趋于饱和，最终生物量投资逐渐转向茎、根（Poorter et al，2015），茎的投资可增强植株的机械支撑（Dybzinski et al，2011）。与对照相比，截干处理可提高云南松苗木根生物量的分配而减少叶的分配，随截干高度的降低，地下部分生物量增加，补偿性生长优先分配给根，以增强其获取土壤水分、养分的能力（Yang & Luo，2011），这符合生物量的最优分配假说（王杨等，2017；McConnaughay & Coleman，1999；Bloom et al,1985）。随截干高度的降低，云南松苗木地上部分生物量向叶的分配减少而向茎干的分配增加，以维持植株生长优势并扩展生长空间（王杨等，2017；Poorter et al，2015），其中重度截干（截干高度5cm）的茎质比最高，借助茎的伸长生长，提高植株对空间及光资源的竞争力，实现补偿性生长的最大化，使其有效地利用环境条件来响应干扰。

云南松苗木不同截干高度处理间根质比、茎质比和叶质比均无显著差异（$p>0.05$），表明其可塑性未发生显著改变（Jin et al，2021），但不同处理间各器官生物量再分配存在差异（$p<0.05$）。根生物量再分配中，不同截干处理侧根的分配差异不显著，但主根的分配表现为重度截干和中度截干显著高于对照，这体现了就近分配优先满足高级根序生长的结论（王文娜等，2018），云南松为深根性树种，主根生长优势明显。云南松苗木茎生物量再分配存在显著差异，重度截干的主干生物量显著低于对照；侧枝生物量以重度截干处理最高，且显著高于轻度截干处理；萌条枝生物量以轻度截干处理最高，且显著高于重度截干。茎生物量再分配综合表现为：截干后生物量向侧枝和萌条枝的分配增加，对照主要向主干分配，顶端生长较为明显（Jin et al，2021）。不同截干高度中，重度截干生物量主要向侧枝分配，轻度截干主要向萌条枝分配，中度截干居于中间。针叶的再分配中，萌条针叶和母株针叶在不同截干处理间存在显著差异，母株针叶表现为截干高度5cm>截干高度10cm>截干高度15cm，萌条针叶表现为截干高度5cm<截干高度10cm<截干高度15cm。重度截干萌条较少，相应萌条针叶也减少，植株将资源分配到母株针叶，以确保针叶在各器官中分配的平衡，进而保证光合作用，这体了现植株生物量与物质分配相协调的原则（独肖艳等，2020）。从云南松苗木根、茎、叶生物量的再分配可以看出，生物量资源分配存在权衡性，这是植物适应环境变化的一种策略（顾大形等，2011）。

植株的形态可能随植株个体大小而变化（独肖艳等，2020），个体大小是生物体一个最重要的特征，植物生长过程中的形态特征与个体大小之间关系的数学表达构成了异速生长理论的基本内容（Niklas，2004），大量的研究结果支持异速生长理论（Enquist & Niklas，2002）。本研究通过对云南松苗木器官与单株生物量（个体大小）间相对生长关系的分析表明，除重度截干的叶-单株间、轻度截干的地上部分-单株间为异速生长关系外，其余的器官生物量与单株生物量间均为等速生长关系，表明器官与个体大小间既有异速生长关系也有等速生长关系，这在云南松的研究中也有过报道（李亚麒等，2021；王丹等，2021）。云南松苗叶-茎、叶-根、茎-根、根-地上部分、茎-地上部分、叶-地上部分间的相对生长关系均为等速生长，这体现了小个体植物等速生长理论（Enquist & Niklas，2002）。

比较云南松苗木器官间相对生长关系的斜率可知，根-地上部分间的斜率随截干高度的降低而增加，表明截干高度越小根的相对生长速率越大，这进一步印证了生物量向根分配增加的结果，表明截干通过影响器官间的相对生长关系而影响生物量在各器官间的分配（王杨等，2017）。叶-茎间的斜率随截干高度的降低呈现先升高后下降的趋势，轻度截干或中度截干与对照相比其针叶的相对生长速率增加，表明截干后云南松苗木在生长过程中对光合产物的需求增加，植株通过增加叶的相对生长速率来达到获取更多同化产物的目的（张培等，2021）；重度截干的针叶相对生长速率减慢，叶质比降低。叶-根、茎-根生物量均表现为随截干高度的降低其斜率下降，表明叶、茎的相对生长速率减慢，这在檵木的生物量分配研究中也有报道（王杨等，2017）。叶-根相对生长关系的斜率表现为截干处理均大于对照，表明截干后叶相对生长速率提高，这是因为截干后云南松苗木地上部分受损，植株需要更多的光合同化产物来维持生长速率，截干后叶相对生长速率提高。截干后生物量分配的动态特征仍不清楚，尚需进一步研究。

与对照相比，截干提高根（地下）生物量投资与分配比例，降低地上生物量的投资与分配比例，提高根冠比。截干后植株将资源更多地投资于地下部分，有利于地上部分的恢复更新。补偿性生长优先根系分配，可能是因为地上部分的碳短时间内不足，同化产物减少，向地下运输随之减少，植株选择优先分配于地下，可增强获取土壤水分养分的能力（Yang and Luo，2011），植物根系吸收的大量水分导致植物含水量增加，提高细胞细胞膨压，有利于提高植物生长速度（宋炳煌，2009），其生物量的分配符合最优分配假说，即受限的部分优先分配（Bloom et al，1985；McConnaughay et al，1999；王杨等，2017）。不同截干高度处理间根（主根与侧根）、茎（主干、侧枝和萌条枝）、叶（母株针叶和萌条针叶）生物量的再分配存在差异（$p<0.05$）。根生物量的再分配中，不同处理侧根的分配差异不显著，但主根的分配表现为截干高度5cm和截干高度10cm显著高于对照，即截干高度5cm和10cm可促进主根生物量的

分配，这可能与就近分配有关，优先满足高级根序的生长（王文娜等，2018），且云南松为深根性树种，主根生长优势明显，主根伸长可获得更多的养分与水分，有利于补偿性生长的加速进行。植物在生长发育过程中通过不断优化生物量的分配来提高适合度，以利于其适应环境的变化（顾大形等，2011），通过生物量分配调节在生长与繁殖、存活与生长之间做出权衡（李甜江等，2010；李甜江等，2011）。相关性分析表明，截干高度与主根生物量、侧枝生物量呈显著负相关，与萌条枝生物量呈显著正相关，与萌条针叶生物量呈极显著正相关。降低截干高度有利于主根生物量和侧枝生物量的积累，但会减少萌条生物量的积累，这说明截干对生物量分配存在协同关系。云南松不同截干高度生物量投资与分配规律存在差异，截干高度5cm的根和侧枝生物量投资与分配比例最多，萌枝生物量投资与分配比例最少；截干高度10cm的根、侧枝生物量和萌枝生物量投资与分配比例居中；截干高度15cm的根和侧枝生物量投资与分配比例最少，萌枝生物量投资与分配比例最多。截干5cm地上生物量再分配中，提高侧枝生物量投资，萌枝生物量投资则相应减少，虽然根冠比较大、萌枝存活率最高，萌枝过少不符合采穗圃需要产出更多萌枝目标；截干高度15cm的根生物量投资过少，地上生物量将更多生物量投资于萌枝，但根系过少而萌枝多会导致萌枝的水分和矿物质营养供应竞争更为激烈，萌枝存活率最低；截干高度10cm的根、萌枝生物量和侧枝生物量投资与分配比例位于两者之间，既可以产出较多萌枝，根系生物量又较多，水分养分供应能力好于截干高度15cm。因此，截干高度10cm生物量投资与分配使萌枝既可以积累较多生物量，又可以得到根系较强水分和养分供应，在萌枝发生与存活之间做出较好的权衡。

2.3.3 截干对云南松苗木碳氮磷化学计量特征的影响

云南松苗木各器官C、N、P含量及化学计量比有所波动，本研究中，云南松苗木各器官C、N和P含量的平均值分别为444.56g·kg^{-1}、6.23g·kg^{-1}和1.20g·kg^{-1}，相应的C∶N、C∶P、N∶P分别为80.34、398.33和5.33，与云南松成年植株相比，本研究C、N含量和C∶N介于其中，而P含量较高，C∶P和N∶P较低（黄小波，2016；刘俊雁等，2020）。P含量较高，而N∶P含量较低，这可能与所研究的材料年龄有关，在台湾松（*Pinus taiwanensis*）的研究方面也揭示了新叶的P含量较老叶高、而N∶P表现为新叶低于老叶

（付作琴等，2019）。营养元素的投资与分配影响萌枝格局。从本研究来看，3 个截干高度萌条针叶（一年生）P 含量高于母株针叶（两年生），其中截干高度 15cm 的萌条针叶与母株针叶间呈显著差异。N 含量在新叶与老叶间变化较为丰富（付作琴等，2019），本研究中，萌条针叶与母株针叶的 N 含量及 N∶P 随截干高度的不同而发生变化。由此表明，去除顶端优势即截干引起元素分配变化，进而改变化学计量特征（高凯等，2017）。

不同截干高度的 C 含量差异较少，总体表现为截干高度 15cm 的稍高，这可能是因为 C 是基本骨架元素（王绍强等，2008），为植物活动提供能源，在植物体内含量高且稳定（高凯等，2017；王凯等，2020）。不同器官中 N、P 含量随截干高度的改变其变异的趋势不一致，在多数器官中表现为随截干高度的增加呈现先上升后下降的趋势。与对照相比，截干提高侧根和针叶中的 P，降低侧枝中 P，在根系中逐渐增加可能是用于根系呼吸代谢需求以维持吸收与运输功能（王凯等，2020）。N、P 营养元素作为限制性元素变异较大，在油松（*Pinus tabulaeformis*）（李茜等，2017）、樟子松（*Pinus sylvestris* var. *mongolica*）（王凯等，2020）中也有报道。C∶N 和 C∶P 反映植物 N、P 养分的利用效率（张慧等，2016；王凯，2020），C∶N 在萌条针叶中降低，C∶P 在根中降低，即 N、P 利用效率降低，而 C∶N 在侧枝中升高。一些研究表明，植物 N∶P 往往与植株的生长速率有关（Yu et al，2012），也是反映环境中养分制约的重要指标（Güsewell，2004），当 N∶P<14 时，植物生长主要受 N 限制（Koerselman et al，1996）。本研究中的 N∶P 平均为 5.33，表明云南松主要受 N 限制，与云南松前期研究报道相比，N∶P 分别为 5.82（刘俊雁等，2020）和 11.32（黄小波，2016），本研究中受限程度表现更为明显。随截干高度的增加，N∶P 在根、茎中先上升后下降，在萌条中逐渐上升，但总体差异较小。从不同截干高度各元素含量变化可以看出，云南松苗木各器官营养元素在截干高度差异上的分配无一致的规律，体现出丰富的变异，这可能与云南松分配模式上的变异有关（李鑫等，2019），总体表现为结构性物质碳元素的相对稳定性，功能性物质氮元素和磷元素的不稳定性（高凯等，2017）。

对云南松苗木各器官 C、N、P 含量及化学计量比的相关性分析可知，从不同截干高度来看，C 含量与 N、P 含量的相关性表现为随着截干高度的增加相关性发生改变，且相关系数降低。通常植物的 C 含量与 N、P 含量负相关（Sterner et al，2002），本研究中，对照的 C 含量与 N、P 含量呈负相关，但在不同截干高度间发生了变化，其中在截干高度5cm与截干高度10cm中均表现为正相关，在截干高度15cm中表现为C与N含量间为正相关，C与P含量呈负相关。对樟子松的研究发现，干旱胁迫下不同元素间的相关性被破坏，发生元素间解耦从而导致养分失衡（王凯等，2020）。推测云南松截干后也引起类似的变化，这需要进一步研究验证。N与P含量在不同截干高度处理及其对照中均表现为正相关，其中在截干高度5cm和对照中表现为显著正相关。由相关系数大小可知，C∶N和C∶P受N、P含量变化的影响要高于C含量的影响，即C∶N和C∶P分别主要受N、P元素的调控，这在其他截干的研究中也有报道（高凯等，2017）。N∶P与C和N含量之间均呈正相关，与P含量之间呈负相关，从相关系数来看，除截干高度10cm处理外，其他处理中N∶P均与N含量的相关系数最大，即以N的调控为主。这种调控在云南松天然次生林植物也有研究报道，总体受N元素限制（黄小波，2016）。

从云南松苗木各器官C、N、P含量异速生长关系来看，不同截干高度处理各营养元素间的异速生长关系较为稳定，表现为C的积累速度低于N、P的积累速度，在截干高度5cm和截干高度15cm中表现为较高的N积累速度和较低的P积累速度，在截干高度10cm和对照中表现为N、P的积累速度接近。这在云南松的其他研究中也揭示相似的趋势（黄小波，2016；刘俊雁等，2020），这种元素分配的相对稳定性可能是物种的一种维持机制。异速生长指数在不同截干高度间无显著性差异，即各元素之间的异速生长轨迹没有发生显著变化（Jin et al，2021），同时也表明，这些关系不会随截干高度的改变而改变，意味着云南松在截干后会按一定的比例关系吸收碳、氮、磷，并在其器官内相互耦合保持相对平衡（张慧等，2016），即截干高度改变元素含量及其化学计量比，但不改变云南松各器官内化学计量特征的特定耦合比例。同一物种的异速生长关系常表现不一致协同变化规律，云南松苗木表现出不同家系在生物量或生长量间也会出现异速生长关系（李亚麒等，2020；王丹等，2021）。当然，氮磷的吸收利用还与植株发育阶段、环境因素（如气候、栽培环境条件及栽培措施等）有关（王凡坤等，2019；田怀凤等，2020），植物异速生长关系可能随苗龄的变化而改变（Poorter et al，2015；Chmura et al，2017），也可能受管理措施的影响（李鑫等，2019），异速生长关系随着云南松苗木的生长是否会发生变化？有待于今后的跟踪研究。

氮元素是遗传物质的基础和蛋白质构成的重要成分，磷是遗传物质、生物膜、核糖体和能量载体等的组成成分（Sundareshwar et al，2003）。N 和 P 对生物的生长、发育等生理活动起着重要作用（Lambers et al，1998），在自然界中的供应通常是有限的，因而环境中有限的 N、P 往往会成为限制生态系统生产力的因素（Elser et al，2007），N 含量的高低决定着植物生长速率的快慢（Elser et al，2000）。云南松各器官中氮和磷含量、储量多以截干高度 10cm 较高，生长速率假说认为快速生长的植物需增加其营养浓度以支持较高的生产力（Delgado-Baquerizo et al，2016），说明云南松截干高度 10cm 具有生长速度较快的潜力，其生理机能得到较好恢复。当 N∶P<14 时，植物生长主要受 N 限制（Koerselman et al，1996），云南松截干后 N∶P 平均为 5.33，受 N 限制程度表现较为明显（蔡年辉等，2022），云南松天然次生林植物总体也受 N 元素限制（黄小波，2016）。当某种营养元素利用效率大于其他元素时，植物生长受该元素限制（薛达和薛立，2001），说明云南松 N 元素利用效率更高，氮含量、储量和分配比例对云南松生长具有更加重要意义。与对照相比，截干提高地下氮的含量、储量以及分配比例，降低地上的氮的含量、储量以及分配比例，N 养分元素优先保证根系生长所需。云南松不同截干高度之间地下的氮元素投资与分配规律存在差异，截干高度 5cm 地下的氮含量、储量与分配比例最少；截干高度 10cm 根的氮含量、储量与分配比例最多；截干高度 15cm 根的氮含量、储量与分配比例居中。云南松生长主要受 N 限制，截干高度 10cm 地下氮的含量、储量以及分配比例较高，这说明地下生长受 N 限制程度低，有利于根系生长。干旱胁迫导致小叶锦鸡儿受 N 限制作用增强，通过增加根 C、N 含量维持生长及代谢活动，促进肥水的吸收（王凯等，2019）。由此表明，截干高度 10cm 地下和萌枝生物量投资与分配适中，萌枝既可以积累较多生物量，又可以得到根系较强水分和养分供应，生物量分配在萌枝发生与存活之间做出较好的权衡。同时，云南松截干高度 10cm 的 N、P 含量和根系的氮分配比例高于其他处理，降低 N 受限程度，有利于根系生理机能恢复和水分养分的吸收利用，萌枝发生和存活的潜力更大。由于云南松半木质化嫩梢扦插成活率较高，未截干的单株云南松可以制成 1 穗条，截干高度 10cm平均萌枝数量为 20 个左右，其中萌枝长度大于 5cm 的萌枝数量为 7 个，可制成 7 个穗条。因此，截干后繁殖系数可以提高 7 倍左右，极大提高繁殖效率，为云南松无性利用奠定坚实的基础。截干后配合适当的肥水管理，加快萌枝生长，繁殖效率还可以提高。

2.4 小结

截干可以提高云南松的萌枝能力，萌枝累积数量、萌枝生长量随时间变化呈现“慢 - 快 - 慢”的节律，萌枝发生集中在 4 ～ 5 月份，萌枝生长主要在 5 月份和 6 月份，不同截干高度萌枝发生和生长进程存在差异。

截干后云南松通过萌枝数量、萌枝生长量和萌枝存活率之间权衡形成不同的分枝格局：截干高度 5cm 萌枝数量少，但存活率最高；截干高度 10cm 萌枝数量多，且存活率较高；截干高度 15cm 萌枝数量多，但存活率最低；3 个不同截干高度间萌枝生长量无显著差异。云南松截干高度 10cm 时，既可以获得较多萌枝，又有较高的萌枝存活率，萌枝生长量与其他截干高度没有明显差异。由此表明，截干 10cm 的萌枝格局较好权衡萌枝数量、生长量和存活率三者之间关系，受损小受益大，云南松截干促萌高度以 10.0cm 较为合适。

生物量投资（积累）与分配对截干做出响应，营养元素的投资与分配影响萌枝格局。截干提高根（地下）生物量、氮元素投资与分配比例，降低地上生物量、氮元素的投资与分配比例，提高根冠比。截干高度 5cm 地上生物量再分配中，提高侧枝生物量投资，萌枝生物量投资则相应减少，这不符合采穗圃需要产出更多萌枝目标；截干高度 15cm 的根生物量投资过少，地上生物量将更多生物量投资于萌枝，但根系过少而萌枝多会导致萌枝的水分和矿物质营养供应竞争更为激烈，影响萌枝的存活；截干高度 10cm 的根、萌枝生物量和侧枝生物量投资与分配比例位于两者之间，既可以产出较多萌枝，根系生物量又较多，生物量分配在萌枝发生与存活之间做出较好的权衡。云南松各器官中氮和磷含量多以截干高度 10cm 最高，根系氮含量、储量与分配比例表现为截干高度 5cm<截干高度 15cm< 截干高度 10cm，也是截干 10cm 的最高，从而降低截干高度 10cm 根系生长受 N 限制程度。由此表明，云南松截干高度 10cm 根系的氮含量、储量和分配比例最高，根生长受 N 限制程度低，有利于根系生理机能恢复和水分养分的吸收利用，萌枝发生和存活的潜力更大。

上述结果说明：云南松通过生物量、营养元素投资与分配格局调节对截干做出响应，进而影响萌枝发生和存活。由于不同截干高度的生物量、营养元素分配格局存在差异，导致萌枝发生和存活能力存在差异。截干高度 5cm 树干上的芽数量有限，萌枝数量较少，根冠过大不利于地上生物量积累，虽然萌枝存活率最高，但萌枝潜力不足；截干高度 10cm 萌枝数量多且存活率较高，生物量、营养元素投资与分配格局不仅有利于萌枝发生和存活，而且生理机能快速恢复，为萌枝发生和存活奠定更好的生理、生态基础；截干高度 15cm 萌枝数量多但存活率最低，地下生物量、营养元素投资与分配相对不足，影响地上部分水分、养分供应，不利于萌枝存活。综合考虑现有萌枝格局、生物量和营养元素分配格局对未来萌枝生长的影响，截干高度 10cm 更有利于萌枝的发生和存活，也有利于生理机能的快速恢复，云南松截干促萌的适合高度为 10.0cm，繁殖系数可以提高 7 倍左右。

第3章

云南松萌枝能力对内源激素的响应

植物地上组织被破坏后，引起体内激素含量的变化（张海娜，2011），而激素又调控截干（平茬）干扰后萌芽的发生、发育过程（Liu et al，2013；曹子林，2019）。目前有关干扰条件下植物内源激素变化的研究较多，但将植物内源激素变化与萌枝能力结合起来的研究不多，云南松内源激素调控萌枝能力研究尚未见报道。生长素、细胞分裂素、赤霉素和脱落酸在植物分枝调控方面起到重要作用，本章对云南松截干干扰下4种内源激素含量和比值的变化特征进行研究，并分析它们与萌枝发生、生长的因果关系，以期为摸清截干促萌的激素调控规律提供科学依据。

3.1 材料与方法

3.1.1 试验材料

试验材料同第2章，2019年4月、5月、6月、7月下旬分别对截干与对照（未截干）云南松萌枝针叶进行混合取样，每次从固定5株采样为1个生物学重复，共3次重复。

3.1.2 样品的采集

采集时佩戴乳胶手套及口罩，减少样品污染。采集后，将混合叶样立即放入 5mL 离心管，并用标签标记后迅速置于液氮中，带回实验室放置在 −80℃超低温冰箱保存。一组样品用于内源激素测定，另一组用于转录组高通量测序。

3.1.3 内源激素的提取

称取约 0.2g 云南松样本，放入研钵中磨碎，加 80% 甲醇水溶液 1mL，4℃浸提过夜。离心 10min，提取上清液，用 0.5mL 甲醇水溶液（80%）浸提残渣 2h，离心后取上清液，将两次上清合并，于 40℃减压蒸发至不含有机相，用 0.5mL 石油醚萃取脱色 3 次，用 1mol/L 柠檬酸水溶液将 pH 值调至 2 ～ 3，用 1mL 乙酸乙酯萃取 2 次，将上层有机相转移至新的 EP 管，液氮吹干，用 0.5mL 流动相溶解、混匀，下层水相用饱和磷酸二氢钠水溶液将 pH 值调至 7 ～ 8，用 1mL 正丁醇萃取 2 次，将上层有机相转移至新的 EP 管，液氮吹干，加入上一步的溶解液，混匀，针头式过滤器过滤后待测（尹大川和祁金玉，2021）。

3.1.4 HPLC 液相条件

RIGOL L3000 高效液相色谱仪，Kromasil C18 反相色谱柱（250mm×4.6mm，5μm）。流动相 A（甲醇）∶流动相 B（1% 乙酸水）= 4∶6，混匀。进样量 10μL，流速 0.8mL/min，柱温 30℃，走样时间为 40min，紫外波长 254nm。用流动相过柱子，待基线稳定后，开始进样。激素测定工作由苏州科铭生物技术有限公司完成。

3.1.5 数据分析

利用 Excel 软件对内源激素 IAA、ZT、GA_3、ABA 含量以及比值进行数据整理，采用 SPSS17.0 统计分析软件进行方差分析，用邓肯法进行显著性检验。对萌枝数量、萌枝生长量与激素含量、比值进行回归分析，并根据显著水平及相关系数（r）判断激素含量及其比值对萌枝数量和生长量的影响。

3.2 结果与分析

3.2.1 内源激素含量与比值对截干的响应

3.2.1.1 内源激素含量对截干响应

由图3-1可以看出，截干处理与对照同期相比，GA_3、ABA、（ZT+GA_3）、（IAA+ZT+GA_3）含量在整个萌枝过程中均表现为截干处理高于对照，其中GA_3、（ZT+GA_3）、（IAA+ZT+GA_3）含量在整个萌枝过程中均表现为截干处理的显著高于对照（$p<0.05$），而ABA仅4月显著高于对照，其余测定时期差异不显著（$p<0.05$）。IAA含量在萌枝初期（4月份）表现为截干处理的显著高于对照，中期过渡为截干处理与对照（未截干）的含量接近（5月份），接下来显著高于对照的含量（6月份），到后期时（7月份）截干处理低于对照的含量，但不显著（$p<0.05$）。ZT含量在整个萌枝过程中截干处理与对照两者间无显著差异。由此表明，截干显著提高整个萌枝生长过程中GA_3、（ZT+GA_3）和（IAA+ZT+GA_3）含量，显著提高截干初期IAA和ABA含量，对ZT含量无显著影响。

截干处理间激素随时间变化情况：IAA含量随时间推移逐渐下降，不同月份间差异显著性变化为4月份显著高于其他时间，5月份和6月份又显著高于7月份；ZT含量随时间推移逐渐下降，不同月份间差异显著性变化为4月份显著高于其他时间，5月份又显著高于6月份和7月份；GA_3含量随时间推移先上升后下降，不同月份间差异显著性变化为4月份和5月份显著高于6月份，6月份又显著高于7月份；ABA含量随时间推移先下降后上升，不同月份间差异显著性变化4月份显著高于5月份和6月份，7月份显著高于6月份；（ZT+GA_3）和（IAA+ZT+GA_3）含量随时间推移逐渐下降，不同月份间差异显著性变化为月份间都存在显著差异。由此可见，IAA、ZT、（ZT+GA_3）和（IAA+ZT+GA_3）随时间均呈下降趋势，GA_3含量先上升后下降，而ABA含量先下降后上升。

对照（未截干）间激素随时间变化情况：IAA含量随时间推移先下降后上升，不同月份间差异显著性变化以6月份的显著低于4月份和5月份；ZT含量随时间推移逐渐下降，不同月份间差异显著性变化为4月份显著高于5月份，

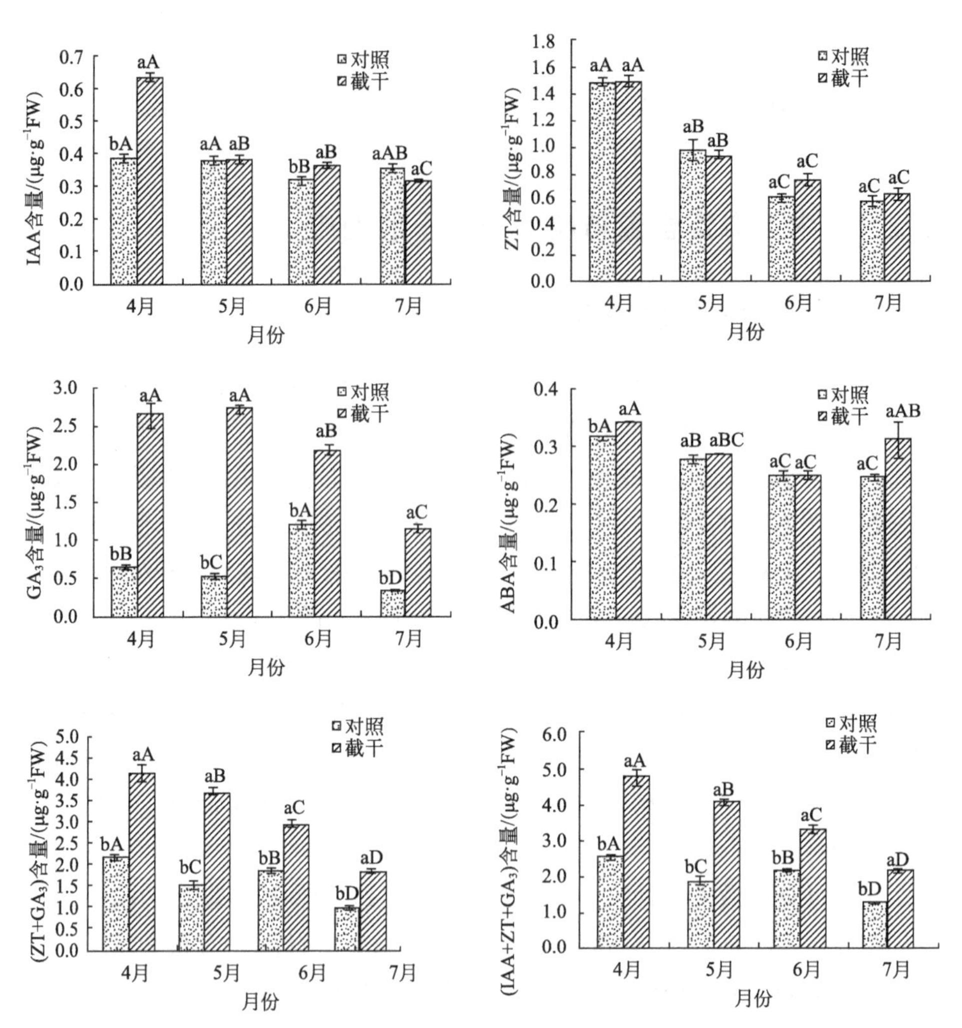

图3-1　截干与对照处理下云南松苗木内源激素含量时间变化规律

注：不同小写字母代表相同月份截干与对照处理间差异显著，不同大写字母代表相同处理不同月份间差异显著（$p<0.05$）

5月份显著高于6月份和7月份；GA_3含量随时间推移呈现下降-上升-下降的趋势，不同月份间差异显著性变化以6月份最高，并显著高于其余时间，而7月份最低，且显著低于其他时间段；ABA含量随时间推移逐渐下降，不同月份间差异显著性变化为4月份显著高于5月份，5月份显著高于6月份和7月份。（$ZT+GA_3$）和（$IAA+ZT+GA_3$）含量随时间推移下降-上升-下降趋势，不同月份间差异显著性变化为不同月份间都存在显著差异。由此可见，ZT和ABA随时间均呈下降趋势，IAA表现为先下降后上升趋势，GA_3、（$ZT+GA_3$）

和（IAA+ZT+GA_3）呈现下降 - 上升 - 下降的趋势。

综合来看，截干提高所测定的几类激素含量，整个萌枝期 GA_3、（ZT+GA_3）和（IAA+ZT+GA_3）的含量均显著提高，萌枝初期的 IAA 和 ABA 也显著提高。截干也改变激素的时间变化趋势，除 ZT 动态变化相同外（均为随时间逐渐下降），其余的 IAA、GA_3、ABA、（ZT+GA_3）和（IAA+ZT+GA_3）变化的趋势均发生改变，表现为截干后 IAA 的变化趋势由对照先下降后上升趋势变为逐渐下降；（ZT+GA_3）和（IAA+ZT+GA_3）由对照下降 - 上升 - 下降趋势变为逐渐下降；GA_3 由对照下降 - 上升 - 下降趋势变为先上升后下降；ABA 由对照逐渐下降变为先下降后上升的趋势。由此可以说明，截干改变激素含量及其变化趋势，GA_3、（ZT+GA_3）和（IAA+ZT+GA_3）含量变化对截干干扰的响应较为显著，这些激素可能参与截干后萌枝发生和生长的调控过程。

3.2.1.2 内源激素比值对截干的响应

由图 3-2 可知，与相同时期对照相比，在整个测定期截干处理显著提高 GA_3/ABA、（IAA+ZT+GA_3）/ABA（7 月份除外）、（ZT+GA_3）/ABA 比值（$p<0.05$）。IAA/ABA 比值在前期（4 月份）表现为截干处理显著高于对照，中期过渡为截干处理与对照接近（5 月份）或截干处理稍高于对照（6 月份），但无显著差异（$p>0.05$），后期（7 月份）截干处理显著低于对照。ZT/ABA 比值除 6 月份截干处理显著高于对照外，其余时间均表现为截干处理低于对照，但两者间无显著差异。ZT/IAA 比值在前期（4 月份）表现为截干处理显著低于对照，中期过渡为截干处理与对照接近（5 月份）或截干处理稍高于对照（6 月份），后期（7 月份）截干处理高于对照。由此表明，截干处理显著提高整个萌枝过程中 GA_3/ABA、（ZT+GA_3）/ABA、（IAA+ZT+GA_3）/ABA 比值，显著提高截干初期 IAA/ABA 比值，显著降低截干初期 ZT/IAA 比值。

截干处理间激素比值随时间变化情况：IAA/ABA 比值随时间推移呈现出下降 - 上升 - 下降趋势，不同月份间差异显著性变化为 4 月份显著高于其他时间，5 月份和 6 月份又显著高于 7 月份；ZT/ABA 比值随时间推移呈现出逐渐下降趋势，不同月份间差异显著性变化为 4 月份显著高于其他时间，5 月份和 6 月份又显著高于 7 月份；GA_3/ABA 比值随时间推移表现为先上升后下降趋势，不同月份间差异显著性变化为 4 月份、5 月份和 6 月份显著高于 7 月份，4 月份又显著低于 5 月份；（IAA+ZT+GA_3）/ABA 比值随时间推移呈现出先上升后下降趋势，不同月份间差异显著性变化为 4 月份、5 月份和 6 月份显著高于

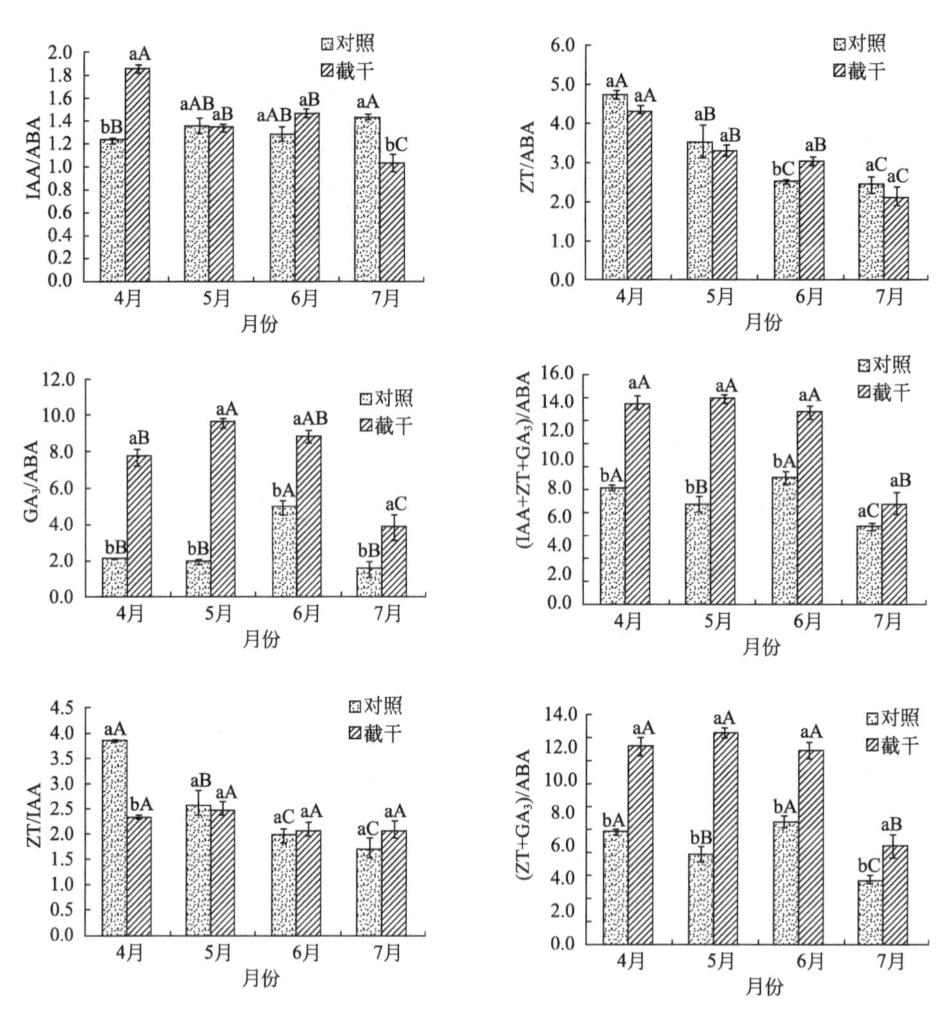

图3-2　截干与对照处理下云南松苗木内源激素比值时间变化规律

7 月份；ZT/IAA 比值随时间推移表现为先上升后下降趋势，不同月份间无差异显著性变化；（ZT+GA_3）/ABA 比值随时间推移表现为先上升后下降趋势，不同月份间差异显著性变化为 4 月份、5 月份和 6 月份显著高于 7 月份。由此可见，GA_3/ABA、（IAA+ZT+GA_3）/ABA、ZT/IAA 和（ZT+GA_3）/ABA 随时间推移均呈先上升后下降趋势，ZT/ABA 比值随时间推移呈现出逐渐下降趋势，而 IAA/ABA 比值呈下降 - 上升 - 下降趋势。

对照（未截干）间激素比值随时间变化情况：IAA/ABA 比值随时间推移呈现出上升 - 下降 - 上升趋势，不同月份间差异显著性变化为 4 月份显著低于 7 月份；ZT/ABA 比值随时间推移呈现出逐渐下降趋势，不同月份间差异显著性变化为 4 月份显著高于其他时间，5 月份又显著高于 6 月份和 7 月份；GA_3/ABA 比值随时间推移表现为下降 - 上升 - 下降趋势，不同月份间差异显著性变化为 6 月份显著高于其他月份；（IAA+ZT+GA_3）/ABA 比值随时间推移呈现出下降 - 上升 - 下降趋势，不同月份间差异显著性变化为 4 月份和 6 月份显著高于 5 月份和 7 月份，5 月份显著高于 7 月份；ZT/IAA 比值随时间推移表现为逐渐下降趋势，不同月份间差异显著性为 4 月份显著高于其他时间，5 月份又显著高于 6 月份和 7 月份；（ZT+GA_3）/ABA 比值随时间推移表现为下降 - 上升 - 下降趋势，不同月份间差异显著性 4 月份和 6 月份显著高于 5 月份和 7 月份，5 月份显著高于 7 月份。由此可见，GA_3/ABA、（IAA+ZT+GA_3）/ABA、（ZT+GA_3）/ABA 比值随时间均呈下降 - 上升 - 下降趋势，而 ZT/ABA、ZT/IAA 比值呈逐渐下降趋势，IAA/ABA 比值呈上升 - 下降 - 上升变化趋势。

综合来看，截干处理显著提高整个萌枝期 GA_3/ABA、（IAA+ZT+GA_3）/ABA、（ZT+GA_3）/ABA 比值，显著提高截干初期 IAA/ABA 比值，显著降低截干初期 ZT/IAA 比值。截干也改变激素比值的时间变化趋势，除 ZT/ABA 的动态变化相同外（均为随时间逐渐下降），其余的 GA_3/ABA、（IAA+ZT+GA_3）/ABA、（ZT+GA_3）/ABA、IAA/ABA、ZT/IAA 变化的趋势均发生改变，表现为截干后 GA_3/ABA、（IAA+ZT+GA_3）/ABA、（ZT+GA_3）/ABA 变化趋势由对照的下降 - 上升 - 下降变为先上升后下降；ZT/IAA 变化趋势由对照的逐渐下降变为先上升后下降；IAA/ABA 变化趋势由对照上升 - 下降 - 上升变为下降 - 上升 - 下降。由此表明，截干改变内源激素比值及其变化趋势，GA_3/ABA、（ZT+GA_3）/ABA、（IAA+ZT+GA_3）/ABA 比值变化对截干干扰的响应较为显著，这些激素动态平衡可能参与截干后萌枝发生和生长的调控。

3.2.2 萌枝数量对激素含量与比值的响应

3.2.2.1 萌枝数量对激素含量的响应

为了解萌枝数量（y）与激素含量（x）关系随截干后时间变化规律，对相同截干高度 4 月份、5 月份、6 月份、7 月份的萌枝数量与激素含量进行回归分析（表 3-1）。由表 3-1 可知，萌枝数量与 ZT、IAA、ABA 含量呈正相关趋势（$p<0.05$），与 GA_3、（ZT+GA_3）、（IAA+ZT+GA_3）含量分别呈极显著正相关（$p<0.01$）。由此说明，ZT、IAA、GA_3、ABA、（ZT+GA_3）和（IAA+ZT+GA_3）含量都对云

南松截干萌枝发生起促进作用，其中GA_3、（$ZT+GA_3$）和（$IAA+ZT+GA_3$）对云南松萌枝发生起显著的促进作用。ABA与萌枝数量也呈正相关趋势，但其相关系数极低，其对萌枝的影响可以忽略不计。

表3-1　萌枝数量与激素含量对时间回归分析

激素	回归方程	相关系数	显著性
GA_3	$y=4.808x-5.537$	0.846	0.001
（$ZT+GA_3$）	$y=3.149x-4.959$	0.774	0.003
（$IAA+ZT+GA_3$）	$y=2.702x-4.698$	0.738	0.006
ZT	$y=5.097x+0.007$	0.460	0.133
IAA	$y=9.713x+0.804$	0.333	0.290
ABA	$y=1.423x+4.477$	0.016	0.961

3.2.2.2　萌枝数量对激素比值的响应

对4月份、5月份、6月份、7月份的萌枝数量（y）与激素比例（x）进行回归分析，结果见表3-2。由表3-2可知，萌枝数量与IAA/ABA、ZT/ABA比值均呈正相关趋势（$p>0.05$），与ZT/IAA呈显著正相关关系（$p<0.05$），与GA_3/ABA、（$ZT+GA_3$）/ABA和（$IAA+ZT+GA_3$）/ABA呈极显著正相关关系（$p<0.01$）。由此表明，IAA/ABA、ZT/ABA、GA_3/ABA、ZT/IAA、（$ZT+GA_3$）/ABA和（$IAA+ZT+GA_3$）/ABA比值都促进云南松截干萌枝发生，其中GA_3/ABA、ZT/IAA、（$ZT+GA_3$）/ABA和（$IAA+ZT+GA_3$）/ABA比值对云南松萌枝发生起显著地促进作用。

表3-2　萌枝数量与激素比值对时间的回归分析

激素比值	回归方程	相关系数	显著性
（$ZT+GA_3$）/ABA	$y=0.965x-5.408$	0.760	0.004
GA_3/ABA	$y=1.188x-3.971$	0.748	0.005
（$IAA+ZT+GA_3$）/ABA	$y=0.876x-5.698$	0.744	0.006
ZT/IAA	$y=8.792x-14.942$	0.608	0.036
IAA/ABA	$y=4.655x-1.700$	0.391	0.208
ZT/ABA	$y=2.461x-3.018$	0.560	0.058

从表3-1与表3-2还可看出：激素GA_3含量以及与GA_3有关指标（$ZT+GA_3$）、（$IAA+ZT+GA_3$）、GA_3/ABA、（$ZT+GA_3$）/ABA和（$IAA+ZT+GA_3$）/ABA都

与萌枝数量呈极显著或显著正相关。由此表明，GA_3 含量以及 GA_3/ABA、（ZT+GA_3）/ABA 和（IAA+ZT+GA_3）/ABA 动态平衡在云南松截干促萌过程中发挥更为重要的调节作用。

3.2.3 萌条枝生长量对激素含量与比值的响应

3.2.3.1 萌枝生长量对激素含量的响应

为了解萌枝生长量（y）与激素含量（x）关系随截干后时间变化规律，对相同截干高度 4 月份、5 月份、6 月份、7 月份的萌枝生长量月增量与激素含量进行回归分析（表 3-3）。由表 3-3 可知，萌枝生长量月增量与 ZT、IAA、（ZT+GA_3）、（IAA+ZT+GA_3）含量分别呈正相关趋势（$p>0.05$），与 GA_3 含量呈极显著正相关（$p<0.01$），与 ABA 含量呈负相关趋势（$p>0.05$）。由此说明，ZT、IAA、GA_3、（ZT+GA_3）和（IAA+ZT+GA_3）对云南松萌枝生长具有促进作用，其中 GA_3 起显著地促进作用，而 ABA 对萌枝生长起抑制作用。

表 3-3 萌枝生长量与激素含量对时间回归分析

激素	回归方程	相关系数	显著性
GA_3	y=0.776x−0.480	0.711	0.009
（ZT+GA_3）	y=0.441x−0.176	0.565	0.056
（IAA+ZT+GA_3）	y=0.359x−0.072	0.511	0.089
ZT	y=0.323x+0.895	0.152	0.638
IAA	y=0.138x+1.147	0.025	0.940
ABA	y=-5.543x+2.845	−0.322	0.307

3.2.3.2 萌枝生长量对激素比值响应

对截干 4 月份、5 月份、6 月份、7 月份的萌枝生长量（y）与激素比值（x）进行回归分析，结果见表 3-4。

由表 3-4 可知，萌枝生长量月增量与 ZT/ABA、IAA/ABA、ZT/IAA 比值均呈正相关趋势（$p>0.05$），与 GA_3/ABA、（ZT+GA_3）/ABA 和（IAA+ZT+GA_3）/ABA 呈极显著正相关关系（$p<0.01$）。由此表明，ZT/ABA、IAA/ABA、GA_3/ABA、ZT/IAA、（ZT+GA_3）/ABA 和（IAA+ZT+GA_3）/ABA 比值对云南松萌枝生长具有促进作用，其中 GA_3/ABA、（ZT+GA_3）/ABA 和（IAA+ZT+GA_3）/ABA

表3-4 萌枝生长量与激素比值对时间的回归分析

激素比值	回归方程	相关系数	显著性
GA_3/ABA	y=0.247x−0.639	0.810	0.001
($ZT+GA_3$)/ABA	y=0.183x−0.750	0.750	0.005
($IAA+ZT+GA_3$)/ABA	y=0.162x−0.760	0.718	0.009
ZT/IAA	y=1.383x−1.916	0.498	0.099
IAA/ABA	y=0.501x+0.495	0.219	0.493
ZT/ABA	y=0.301x+0.236	0.357	0.255

对萌枝生长起显著的促进作用。

从表3-3与表3-4还可看出：激素GA_3含量以及GA_3/ABA、($ZT+GA_3$)/ABA和（$IAA+ZT+GA_3$）/ABA都与萌枝生长呈极显著或显著正相关。由此表明，GA_3以及GA_3/ABA、($ZT+GA_3$)/ABA和（$IAA+ZT+GA_3$）/ABA动态平衡显著地促进云南松截干后的萌枝生长。

3.2.4 对照苗高生长量对激素含量与比值的响应

3.2.4.1 苗高生长量对激素含量的响应

为了解对照（未截干）的苗高生长量（y）与激素含量（x）关系随时间的变化规律，对4月份至7月份的对照（未截干）的苗高月生长量与激素含量进行回归分析（表3-5）。由表3-5可知，对照（未截干）苗高月生长量与ZT、IAA、GA_3、ABA、($ZT+GA_3$)和（$IAA+ZT+GA_3$）呈正相关趋势（$p>0.05$）。由此表明，IAA、ZT、GA_3和ABA都能促进对照（未截干）苗高的生长，但促进作用未达显著水平。

表3-5 苗高净生长量与激素含量对时间回归分析

激素	回归方程	相关系数	显著性
($IAA+ZT+GA_3$)	y=0.419x+0.554	0.297	0.349
($ZT+GA_3$)	y=0.423x+0.697	0.297	0.351
ABA	y=6.928x−0.330	0.292	0.358
ZT	y=0.355x+1.055	0.200	0.532
GA_3	y=0.361x+1.128	0.182	0.570
IAA	y=1.209x+0.947	0.055	0.862

3.2.4.2 苗高生长量对激素比值的响应

为了解对照（未截干）的苗高生长量（y）与激素比值（x）关系随时间的变化规律，对 4 月份至 7 月份的对照（未截干）的苗高月生长量与激素比值进行回归分析（表 3-6）。由表 3-6 可知，对照（未截干）苗高月生长量与 ZT/ABA、GA_3/ABA、ZT/IAA、（ZT+GA_3）/ABA 和（IAA+ZT+GA_3）/ABA 比值呈正相关趋势（$p>0.05$），与 IAA/ABA 比值呈负相关趋势（$p>0.05$）。由此表明，ZT/ABA、GA_3/ABA、ZT/IAA、（ZT+GA_3）/ABA 和（IAA+ZT+GA_3）/ABA 都能促进对照（未截干）苗高的生长，IAA/ABA 抑制苗高生长，但促进和抑制作用未达显著水平。

表 3-6 苗高净生长量与激素比值对时间的回归分析

激素比值	回归方程	相关系数	显著性
IAA/ABA	$y=-2.070x+4.104$	0.344	0.274
（ZT+GA_3）/ABA	$y=0.114x+0.701$	0.255	0.422
（IAA+ZT+GA_3）/ABA	$y=0.111x+0.572$	0.239	0.454
ZT/IAA	$y=0.171x+0.941$	0.232	0.469
ZT/ABA	$y=0.113x+1.004$	0.173	0.588
GA_3/ABA	$y=0.065x+1.210$	0.138	0.665

3.3 讨论

截干后，云南松以激素含量、比例调节做出响应。植物体内存在一个中心系统，当其受到逆境胁迫时，该系统就会引起激素变化（Chapin，1991）。植物地上组织被破坏后，引起体内激素含量的变化（张海娜，2011），进而影响激素的相对含量。截干显著提高云南松萌枝发生、生长过程中 GA_3、（ZT+GA_3）和（IAA+ZT+GA_3）含量，显著提高截干初期 IAA 和 ABA 含量，对 ZT 含量无显著影响。不同内源激素对截干响应程度也存在差异，GA_3 含量在整个萌枝过程中显著提升，IAA 和 ABA 含量在截干初期显著上升，ZT 含量对截干无明显响应。因此，云南松主要以激素 GA_3 含量调节对截干做出响应，并引起（ZT+GA_3）和（IAA+ZT+GA_3）激素含量随之发生明显改变。GA_3 含量的变化趋势与苹果、银杏、红松截干后趋势一致（朱李奎，2019；史绍林，

2020；王爱斌等，2021)。4月份和5月份GA含量要显著高于6月份和7月份，而云南松萌枝发生主要集中在4～5月份，这说明GA含量增加有利于云南松解除腋芽的休眠状态，促进芽的萌发。云南松截干后激素IAA含量增加，中国沙棘、柠条锦鸡儿（*Caragana korshinskii*）、文冠果（*Xanthoceras sorbifolium*）和苹果平茬或刻芽后同样提高IAA含量（聂恺宏等，2018；刘思禹，2018；张国林，2018；王海芬等，2020)。IAA含量出现小幅度的增加，这可能是因为此时的腋芽被激活（Hillman et al，1977)，芽持续生长需要被激活的芽保持生长素的合成和极性运输（Tinashe et al，2019)，并促进光合作用（张艳华等，2017)。云南松截干还提高ABA含量，杉木、辽东楤木和烟草研究证实截干（平茬）后ABA含量增加（史绍林，2020；邵琪锋，2020；张吉玲等，2021)。截干（平茬）后ABA增加，这是植物受到伤害后，作为胁迫信号促使ABA增加，有利于植物应对外界干扰。同时，有些植物遭遇截干干扰后，ABA含量下降，这可能与植物生物学特性差异有关。截干（平茬）干扰改变内源激素含量，进而引起内源激素相对含量也发生改变。截干显著提高云南松萌枝过程中GA_3/ABA、（ZT+GA_3）/ABA、（IAA+ZT+GA_3）/ABA比值，显著提高截干初期IAA/ABA比值，显著降低截干初期ZT/IAA比值。云南松受截干物理损伤后，原有的激素平衡被打破，促进生长类的激素占优势，抑制类激素处于劣势。遭遇截干后，云南松萌枝生长旺盛，与促进生长类的激素占优势存在密切关系。（IAA+ZT+GA_3）/ABA比值体现生长促进激素与生长抑制激素的平衡关系，可以更好地表现植物的生长状态（石松利等，2011)，红松、马尾松截顶后（IAA+ZT+GA_3）/ABA较未截顶侧枝比值增大（朱亚艳等，2019；史绍林，2020)。

云南松截干后激素含量与比例发生变化，提高了伐桩的萌枝能力。休眠芽萌发是植物的顶端受到损伤导致器官内的激素和营养物质重新分配（叶镜中和姜志林，1989)。本研究中，激素ZT、IAA、GA_3、ABA、（ZT+GA_3）和（IAA+ZT+GA_3）促进云南松截干萌枝发生，其中GA_3、（ZT+GA_3）和（IAA+ZT+GA_3）起显著促进作用。云南松截干先引起内源激素发生改变，而内源激素变化又调节萌芽发生，GA_3含量的显著升高有利于云南松打破芽的休眠和促进芽持续萌发，GA_3对萌枝的发生起到更为明显的调节作用。GA_3在中国沙棘、杉木的促萌调控中同样发挥重要作用（白双成等，2020；张吉玲等，2021)。GA_3对伐桩的休眠芽破除休眠及持续萌发有重要的促进作用（高健等，1994)，腋芽的激活和生长需要赤霉素（倪军，2015；Katyayini et al，2020)，主要通过影响芽体内细胞的分化及伸长来调控芽的萌发及成枝状况（Olsen et al，1997）。杂交白杨去顶诱导 GA 生物合成（显著上调 *GA3ox2*）和 *GH17* 基因表达，激活腋芽（Rinne et al，2016），杜鹃兰打顶 GA_3 含量的升高与侧芽萌发生长有关（吕享，2018）。在多年生树木中，一个更复杂的网络调控着枝条的分枝，其中赤霉素是复杂网络调控分枝的一部分，并起着重要的积极作用（Ni et al，2015；Fang et al，2020；Zhang et al，2020）。我们发现云南松萌枝数量与 IAA、ZT 和 ABA 含量呈正相关趋势，说明这 3 种激素也参与云南松萌枝发生的调节。研究证实，平茬后中国沙棘萌蘖数量与 IAA 含量显著正相关（聂恺宏等，2018），但生长素很可能通过调节其他激素而间接调节分枝（Rameau et al，2015；Barbier et al，2019）。IAA 能够调控 GAs 的合成和其信号的传导，IAA 进一步合成可能提高 GAs 含量（董雪，2013），间接调节萌枝的发生。ABA 含量与中国沙棘、杉木和苹果萌枝数量呈极显著或显著负相关关系（白双成等，2020；王海芬等，2020；张吉玲等，2021），而本研究中 ABA 与萌枝数量呈正相关趋势，与其他研究结果有差异，但 ABA 与萌枝数量相关系数极低，其作用可以忽略不计，ABA 可能通过激素的相对含量参与分枝调控。由此表明，IAA、ZT 和 GA_3 都正向调节萌枝发生，GA_3 在萌枝调控过程中发挥主导作用。

激素比例（交互作用）与云南松萌枝能力息息相关。植物体内激素之间相互影响形成一个极其繁杂的调控系统，对植物每个阶段生长发育进行调节（王三根，2015；Leitão and Enguita，2016）。内源激素之间的动态平衡对核酸、蛋白质等物质的代谢起调控作用，进而控制植物生长发育进程（张艳华等，2017；隗微等，2017），影响伐桩萌芽数量（Assuero and Tognetti，2010）。本研究中，云南松萌枝数量与 GA_3/ABA、ZT/IAA、（ZT+GA_3）/ABA 和（IAA+ZT+GA_3）/ABA 呈极显著或显著正相关关系。这说明激素 IAA、ZT、GA_3 和 ABA 通过激素的相互作用参与云南松分枝的调控过程，云南松通过提高激素比例促进萌枝的发生。休眠芽萌发过程中激素的平衡关系更为重要（林武星等，1996；叶镜中，2007），GA_3/ABA 的动态平衡被认为是调控侧芽休眠或释放的关键（李丽俊等，2001；Mornya et al，2013；Zheng et al，2015），高 GA_3/ABA 可以促进芽的萌发，相反则抑制其萌发（张全军，2015；丘立杭等，2018；史绍林，2020）。王爱斌等（2021）研究认为，环割和刻芽促进分枝的原因，可能是环割和刻芽改变芽体 GA_3/ABA 的平衡。促进生长的激素与抑制生长的激素的平衡状态决定分蘖效果（黎正英等，2021），（IAA+GA_3+ZR）/ABA 比值调控枝条的萌芽率，比值较大的芽体易萌发成枝（Ito et al，1999）。云南松截干萌枝的数量与ZT/IAA呈显著正相关关系，IAA与ZT之间的动态平衡在调节萌枝发生的过程中也起到重要作用。IAA/CTK含量的相对改变会促进或抑制腋芽的生长，进而影响植物分枝发育和株型结构（Liu et al，2011b；宋佳媚，2020），CTKs/IAA的比值与截干（平茬）后侧芽萌发呈正相关关系（张海娜，2011；曹钟允，2020）。由此表明，激素间交互作用对芽的萌发过程起重要的调节作用，是休眠芽萌动的重要因素。

激素含量、比值显著促进云南松萌枝生长。GA_3、GA_3/ABA、（ZT+GA_3）/ABA和（IAA+ZT+GA_3）/ABA都与萌枝生长量呈极显著或显著正相关，说明激素含量以及动态平衡在云南松截干萌枝生长中起显著正向调控作用，GA_3起到更为重要的作用。赤霉素在植物营养生长时期各器官的形成和大小控制中发挥重要作用（武维华，2018；许智宏和薛红卫，2012）。较高的GA_3含量和GAs/ABA可能有利于截顶后侧枝快速生长（曹钟允，2020；史绍林，2020），GA_3含量和GA_3/ABA比值与萌枝生长呈极显著或显著正相关（白双成等，2020）。（ZR+GA+IAA）/ABA比值与株高、新梢长度、新梢叶片数存在显著正相关（张丽等，2015），（IAA+GA+ZR）/ABA的比值明显提高会刺激侧枝生长（邵琪锋，2020）。对照（未截干）的苗高生长受激素的影响未达到显著水平，云南松截干促萌生长则极显著受激素的调控。截干后，云南松以改变激素含量、比值改变促进补偿生长，对照的生长调控受多种因素的影响，主要调节因素还有待于进一步研究。

综上所述，云南松以激素含量与比例的改变对截干干扰做出响应，这些激素含量、比值调节云南松伐桩萌枝的发生和生长。赤霉素在云南松截干促萌中起到关键调节作用，IAA、ZT和ABA通过激素间的相互作用也对萌枝的发生与生长起到重要的调节作用。

3.4 小结

截干对云南松内源激素的含量和比值有显著的影响。截干显著提高整个萌枝过程中GA_3、（ZT+GA_3）和（IAA+ZT+GA_3）的含量和GA_3/ABA、（IAA+ZT+GA_3）/ABA、（ZT+GA_3）/ABA比值，截干初期（4月）显著提高IAA和ABA含量和IAA/ABA比值，并显著降低ZT/IAA比值，其他激素含量和比值变化不显著。截干也改变激素含量和比值的时间变化趋势。除 ZT 含量和 ZT/IAA 比值外，截干改变其他激素含量和比值时间变化趋势，但其变化趋势无明显的规律。由此可以说明，截干不仅改变内源激素的含量和比值，还改变它们的时间变化趋势，而 GA_3 以及 GA_3/ABA、（IAA+ZT+GA_3）/ABA、（ZT+GA_3）/ABA 动态平衡对截干干扰的响应更为显著。

激素含量、比例与萌枝发生、生长密切相关，GA_3 和 GA_3/ABA、（IAA+ZT+GA_3）/ABA、（ZT+GA_3）/ABA 动态平衡对云南松截干萌枝的发生、生长具有更为重要的调节作用。萌枝数量与 ZT、IAA、ABA 含量呈正相关趋势，与 GA_3、（ZT+GA_3）、（IAA+ZT+GA_3）含量呈极显著正相关；与 ZT/ABA、IAA/ABA 比值均呈正相关趋势，与 GA_3/ABA、ZT/IAA、（ZT+GA_3）/ABA 和（IAA+ZT+GA_3）/ABA 呈极显著或显著正相关关系。萌枝生长量与 ZT、IAA、（ZT+GA_3）、（IAA+ZT+GA_3）含量分别呈正相关趋势，与 GA_3 含量呈极显著正相关，与 ABA 含量呈负相关趋势；与 ZT/ABA、IAA/ABA、ZT/IAA 比值均呈正相关趋势，与 GA_3/ABA、（ZT+GA_3）/ABA 和（IAA+ZT+GA_3）/ABA 呈极显著正相关关系。激素含量与比值均促进对照（未截干）的苗高生长，但两者之间相关性未达到显著水平。

上述结果说明：遭遇截干干扰后，云南松通过内源激素含量、比值调节做出响应，调节云南松伐桩萌枝的发生和生长。截干显著提高 GA_3 含量以及 GA_3/ABA、（ZT+GA_3）/ABA 和（IAA+ZT+GA_3）/ABA 比值，进而对萌枝的发生、生长起着关键调节作用，而 IAA、ZT、ABA 则是通过激素间相互作用也参与截干促萌的调节过程。

第4章

云南松萌枝能力对基因表达的响应

激素合成、降解及信号转导等相关基因在去顶前后基因表达水平变化明显（Barbier et al，2019），外界施加的干扰引起基因表达发生变化，进而调节激素含量和比例，从而调控萌枝发生和生长，截干促萌的调控机制应从分子水平进行研究。目前对云南松截干促萌调控机制方面的研究极少，特别是云南松截干促萌的分子机制研究几乎未见报道。因此，以分子生物学手段，从转录组水平上探讨激素促萌的分子调控机制，具有重要的理论价值。本章以截干和未截干的云南松幼苗为RNA-Seq材料，进行转录组比较分析，摸清截干后激素相关的基因表达变化特征以及与萌枝能力的关系，为激素促萌机制研究提供新案例。

4.1 材料与方法

4.1.1 试验材料

采样方法同第3章。对2019年4～7月份截干与对照4个不同时期的对比组合样品进行转录组测序，每个样品生物学重复3次，共计24个样品。

4.1.2 样品总 RNA 提取与测序文库构建

4.1.2.1 样品总 RNA 提取

采用 CTAB 法提取云南松总 RNA。步骤如下：

（1）取少量组织于研钵中在液氮环境下充分碾磨至粉末，转移到 1.5mL 离心管中加入 1mL 预热的 CTAB 和 β- 巯基乙醇（终浓度 2%），充分混匀；

（2）将混匀的组织在 65℃水浴 20min；

（3）冷却至室温后，加入相同体积氯仿∶异戊醇（24∶1），充分混匀后离心（4℃，12000r/min 10min）；

（4）取上层水相，加入相同体积的酚∶氯仿（25∶24），充分混匀后离心（4℃，12000r/min 10min）；

（5）取上层水相重复步骤（3）；

（6）取上层水相，加入相同体积异丙醇，颠倒混匀，−20℃沉淀 1h 以上，离心（4℃，12000r/min 10min）；

（7）弃上清，加入 75% 乙醇 1mL，洗涤沉淀，离心（4℃，8000r/min 5min）；

（8）弃上清，重复步骤（7）；

（9）短暂离心，移液器除净乙醇，真空干燥 2 ～ 4min；

（10）加 50μL 不含 RNA 酶的水 RNase-Free Water，室温溶解 10min，混匀后短暂离心，−80℃保存。

4.1.2.2 测序文库构建

磁珠富集具有 polyA 尾巴的真核 mRNA，然后，使用超声波将 mRNA 打成片段。以片段化的 mRNA 为模版，随机寡核苷酸为引物合成 cDNA 第一条链，再用 RNaseH 降解 RNA 链，并在 DNA 聚合酶 I 体系合成 cDNA 第二条链，纯化双链 cDNA。对其末端修复、加 A 尾、连接测序接头，筛选 200 bp 左右的 cDNA，经 PCR 扩增、纯化，获得文库，用 Illumina HiSeqTM 2500 进行测序。文库构建和转录组测序委托广州基迪奥生物科技有限公司完成（文库的构建见图 4-1）。

4.1.3 分析流程

云南松截干萌枝转录组分析流程如图 4-2 所示。

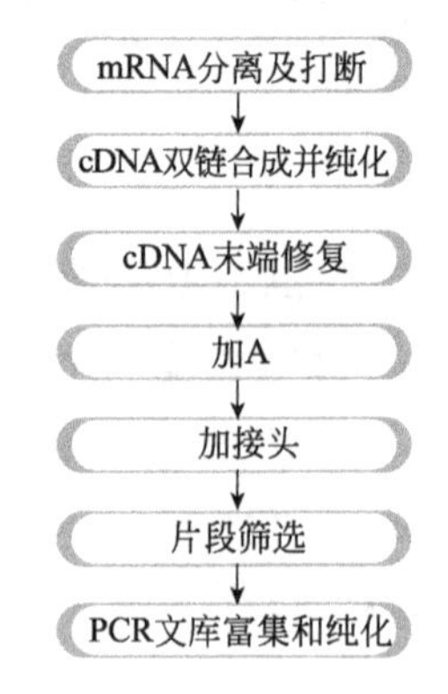

图4-1 文库的构建及测序流程

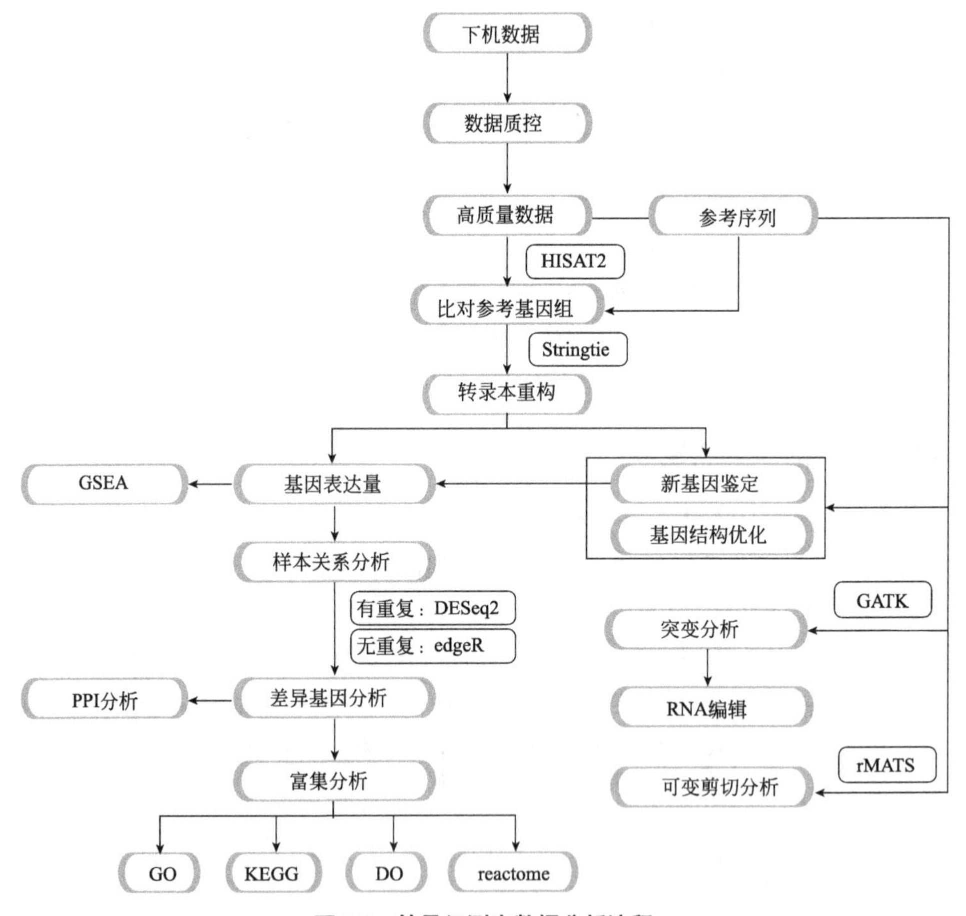

图4-2 转录组测序数据分析流程

4.1.4 数据质量控制

对下机的原始测序数据利用 fastp（Chen et al，2018）进行质控，主要是去除含接头的序列、含 N 比例大于 10% 的序列、全部都是 A 碱基的序列、低质量序列（质量值 $Q \leqslant 20$ 的碱基数占整条序列的 50% 以上），获得过滤后的剩余数据即转录本的序列。

4.1.5 序列比对及评估

利用 HISAT2（Kim et al，2015）软件，开展基于参考基因组的比对分析。HISAT2 采用层级比对策略，通过不同策略将不同长度的序列比对到参考基因组，从而最大限度地保证 reads 的比对率以及准确性。

4.1.6 基因表达量计算

使用 FPKM 法（Mortazavi et al，2008）进行基因表达量的计算，该计算方法可消除基因长度和测序量差异对基因表达计算的影响，可直接用于不同样品之间的基因表达差异的比较，其公式为：

$$\mathrm{FPKM}=10^6 C/(NL/10^3)$$

式中，N 为比对到参考基因的总测序片段数，L 为该基因的碱基数，C 为比对到该基因的测序片段数。

4.1.7 相关性分析

利用 Pearson 相关系数分析不同生物学重复测序数据的重复性，其相关系数越接近 1，说明组内重复样本之间的重复性越好。

4.1.8 差异基因筛选与分析

对各试验处理下相同基因表达模式进行比较，得到各处理组间的差异表达基因。采用 DESeq 算法（Love et al，2014），该算法基于负二项分布模型进行

差异分析，最后进行多重假设检验校正，得到 FDR 值（False Discovery Rate，FDR）将 FDR<0.05、且 $|\log_2 FC|>1$（FC，即 fold change，差异倍数）的基因确定为差异表达基因。

4.1.9 差异表达基因的富集分析

利用软件 BLAST 和 KOBAS 对差异基因进行功能注释，包括 GO 注释与功能分类以及 KEGG 注释。采用 topGO（Alexa and Rahnenfuhrer，2007）软件对差异基因进行 GO 富集分析；采用 KOBAS 软件对 DEGs 进行 KEGG 功能富集分析（Xie et al，2011）。

4.1.10 激素合成与信号转导通路关键基因分析

本章主要关注生长素、细胞分裂素、赤霉素和脱落酸四个激素合成代谢和信号转导通路基因的表达情况。基于转录组数据对以上 4 种激素在已知生物合成路径中的关键基因和植物激素信号转导通路（ko04075）中的关键基因进行分析。

4.1.11 测序结果验证

为了进一步检验转录组（RNA-seq）数据的可靠性，对转录组数据进行实时荧光定量 PCR（qRT-PCR）检测。采用诺唯赞生物技股份有限公司的转录试剂盒（R223）将提取的 RNA 进行反转录，将 RNA 反转录成 cDNA，−80℃保存备用。内参基因为 PITAhm_003261，选取 13 个基因进行荧光定量 PCR。所用仪器为 Roche Light Cycler®480 II System。PCR 反应条件：95℃变性 90S；95℃，5S，40 个循环；60℃，15S；72℃，20S。每个样品三次技术重复；用 $2^{-\Delta\Delta Ct}$ 法来计算（Livak and Schmittgen，2001）基因的相对表达量。引物序列详见表 4-1。

表4-1　qRT-PCR引物信息

基因	基因ID	引物5′→3′	退火温度/℃	片段大小/bp
GID1C	PITA_000080510	F: TTCAACGAGGCTAAGATGGTG	58.0	292
		R: CGCCGTGGAAGAAGATGATG	61.2	
GID2	PITA_000017756	F: GGCAAGCAAAAGTGGAGCA	59.5	171
		R: TGTAAAGGCGGTGGAAGAGG	60.2	
GA2ox9	PITA_000073613	F: GGAAGGCAAGTGTTGGGAGT	58.8	145
		R: GAGGGCACGCTGGGTAATAG	59.8	
LOGL1	PITA_000076559	F: GCCGCTCTGGCAACAAAAC	61.4	160
		R: ACCCCAAGAACATCACAACCA	59.8	
SP41A-1	PITA_000013731	F: ATGCAAGACGGAGATCACAG	55.5	227
		R: CTTCTAGGCCTCTTGGGTGT	56.0	
GA20ox1	PITA_000049618	F: AACGCTTGGCTCTTGGATTG	60.3	253
		R: ATGTCGGGTCGCACAGAATG	61.3	
CKX	PITA_000041197	F: TCCTCCTACTTCTCGCCTCA	57.3	148
		R: GCCCCAGCAAAGATTCCACT	61.4	
SAUR	PITA_000037726	F: GCTCCAATCTCCGATGACTCT	58.2	110
		R: CGCCTCCTTTCTCTTCCCAC	61.1	
NCED3	PITA_000049047	F: CAAAAAGGGCAACCGTGACT	60.1	222
		R: ACACCTTCCAGGCAATCGG	60.4	
YUC9	PITA_000046423	F: ACATTTCCCCGCCTATCCTG	61.3	166
		R: CATTCCCTCTTCCTGGCTCC	60.9	
SP41A-2	PITA_000022315	F: TATTGTCCCCTATTCCAGCAC	56.9	379
		R: ATCTCCGTCTTTCACCGCC	59.6	
IPT2	MSTRG.50817	F: GCAGACAAAAACGACGACTCA	58.7	255
		R: TCCATAAATCTCGTGCTTGTGC	60.4	
YUC9	MSTRG.56026	F: AGGGTTCTTGTCGTGGGATG	59.5	186
		R: GATTCGGAGAGGCAGCAGTT	59.2	
TUBA1（内参基因）	PITAhm_003261	F: AAGGGCTATTGGCAGAGGAG	58.6	102
		R: CGACCCCGATTCCATCCATT	64.0	

4.2 结果与分析

4.2.1 总 RNA 质量检测和测序数据质量控制

总 RAN 质量检测结果见表 4-2。由表 4-2 可看出，RIN（RNA 完整值，RNA intergrity number）值在 6.7 ～ 8.3 之间，说明提取的 RNA 纯度较高、无蛋白

表 4-2 RNA 样品质量检测结果

样本	采样月份	样品名称	浓度 /（ng・μL^{-1}）	体积 /μL	总量 /μg	RIN 值	类别
CK4-1	4	CK4-1	349	38	13.3	7.6	A
CK4-2	4	CK4-2	330	38	12.5	7.8	A
CK4-3	4	CK4-3	307	38	11.7	7.7	A
P42-1	4	P42-1	282	38	10.7	7.5	A
P42-2	4	P42-2	385	38	14.6	7.7	A
P42-3	4	P42-3	285	38	10.8	7.3	A
CK5-1	5	CK5-1	325	37	12.0	7.7	A
CK5-2	5	CK5-2	219	38	8.3	7.4	A
CK5-3	5	CK5-3	263	38	10.0	8.1	A
P52-1	5	P52-1	341	37	12.6	8.3	A
P52-2	5	P52-2	202	38	7.7	6.7	A
P52-3	5	P52-3	320	37	11.8	7.8	A
CK6-1	6	CK6-1	188	38	7.1	7.7	A
CK6-2	6	CK6-2	134	39	5.2	7.3	A
CK6-3	6	CK6-3	177	38	6.7	7.4	A
P62-1	6	P62-1	228	38	8.7	7.7	A
P62-2	6	P62-2	212	38	8.1	8.0	A
P62-3	6	P62-3	169	38	6.4	7.9	A
CK7-1	7	CK7-1	180	39	7.0	7.5	A
CK7-2	7	CK7-2	134	38	5.1	7.4	A
CK7-3	7	CK7-3	264	38	10.0	7.1	A
P72-1	7	P72-1	190	40	7.6	7.7	A
P72-2	7	P72-2	169	38	6.4	7.8	A
P72-3	7	P72-3	188	38	7.1	7.7	A

注：表中 CK4-1 代表未截干（对照）4 月份样品 1，P42-1 代表截干高度 10cm 4 月份样品 1，依此类推。

质等杂质污染。RNA 总量分布范围在 5.1 ～ 14.6μg 之间，总 RAN 质量检测结论都为 A 类，可以满足建库测序的要求。

为了分析云南松对截干的转录组应答，以截干与未截干云南松为材料，在截干后不同时间下构建 24 个 cDNA 文库，随后使用 Illumina Hiseq 2500 平台测序，获得 80.73 Gb 原始数据，测序数据结果见表 4-3。从表 4-3 中可知，各样品 raw data 的通量为 5791544700 ～ 8881945800 bp，数据过滤后，各样品 Clean Data 的通量为 5718112932 ～ 8822598120 bp。其中，各样品 Q20 的

表 4-3　RNA-Seq 结果的通量和质量

样本	初始 reads 数 /bp	过滤 reads 数 /bp	过滤后碱基错误率小于 1% 的比例 /%	过滤后碱基错误率小于 0.1% 的比例 /%	碱基 GC 比例 /%
CK4-1	6062007000	6024865654	96.23	90.47	46.97
CK4-2	6343308600	6305323759	96.52	91.03	46.95
CK4-3	7743752400	7687055883	97.49	92.87	46.55
P42-1	7723399800	7674651001	97.56	93.03	48.01
P42-2	7058945700	7016115440	97.76	93.47	46.82
P42-3	6688332000	6649946283	97.51	92.92	46.92
CK5-1	6338358300	6301639427	96.41	90.82	46.94
CK5-2	8881945800	8822598120	97.39	92.68	47.87
CK5-3	6646550100	6598882072	96.47	90.88	47.39
P52-1	5952990300	5885802557	97.58	93.07	47.14
P52-2	6849700500	6774456534	97.56	93.04	47.22
P52-3	6614968800	6569531886	97.00	91.98	47.35
CK6-1	6680940000	6640792190	97.43	92.77	47.04
CK6-2	7384176000	7333698608	97.53	92.99	47.27
CK6-3	6607383300	6558429876	97.54	93.04	47.40
P62-1	7111785000	7063847181	97.54	93.01	47.22
P62-2	7117887300	7072135273	97.57	93.06	47.01
P62-3	7047348300	6993239058	97.76	93.52	47.29
CK7-1	6570275700	6536483338	97.46	92.82	47.44
CK7-2	5992311300	5958876476	96.56	91.05	47.09
CK7-3	6187997100	6151665837	96.16	90.28	47.33
P72-1	5791544700	5718112932	96.35	90.67	47.14
P72-2	6494402100	6455651747	96.90	91.78	46.98
P72-3	6179159100	6142955538	96.72	91.35	47.29

比例为 96.16% ～ 97.76%，Q30（测序错误率低于 0.1% 的序列）的比例为 90.28% ～ 93.47%，GC 含量范围为 46.55% ～ 48.01%。以上分析表明，各样品的 RNA 样本测序所得原始数据的碱基组成基本平衡，转录组测序质量较高，可为后续分析提供可靠的原始数据。

4.2.2 序列比对结果

为保证后续分析的质量，严格把控 clean data 的筛选标准，去除带接头的、N（N 表示无法确定碱基信息）的比例大于 10% 的、质量值 Qphred ≤ 20 的碱基数占整个 read 的 50% 以上的低质量 reads 后，获得高质量的 Clean reads 范围为 37166700 ～ 56101306 个。将高质量的 Clean reads 与已公开的火炬松（*Pinus taeda*）基因组数据库（ftp://plantgenie.org/Data/ConGenIE/）进行比对，对比结果见表 4-4。

表 4-4 各样本 cDNA 文库与火炬松参考基因组比对情况

样本	过滤核糖体后 reads 数量	全部的可以定位到基因组上的 reads 数及比例 /%	唯一比对上参考基因组的 reads 数及比例 /%	多处比对上参考基因组的 reads 数及比例 /%
CK4-1	37849808	29658541（78.36）	28545196（75.42）	1113345（2.94）
CK4-2	40113156	31691337（79.00）	30502179（76.04）	1189158（2.96）
CK4-3	49897126	40605616（81.38）	39052172（78.27）	1553444（3.11）
P42-1	40531814	32397630（79.93）	31155563（76.87）	1242067（3.06）
P42-2	45744286	37195116（81.31）	35777543（78.21）	1417573（3.10）
P42-3	41899350	33843463（80.77）	32531632（77.64）	1311831（3.13）
CK5-1	41394446	32526194（78.58）	31326540（75.68）	1199654（2.90）
CK5-2	56101306	45907827（81.83）	44117901（78.64）	1789926（3.19）
CK5-3	42852326	34082516（79.53）	32810671（76.57）	1271845（2.97）
P52-1	37971838	30975352（81.57）	29796602（78.47）	1178750（3.10）
P52-2	44101700	35953342（81.52）	34563348（78.37）	1389994（3.15）
P52-3	42419954	33908390（79.93）	32619581（76.90）	1288809（3.04）
CK6-1	43181472	35354246（81.87）	33968772（78.67）	1385474（3.21）
CK6-2	47837010	39078345（81.69）	37493896（78.38）	1584449（3.31）
CK6-3	43241226	35501443（82.10）	34056248（78.76）	1445195（3.34）
P62-1	45620064	37065670（81.25）	35609362（78.06）	1456308（3.19）

续表

样本	过滤核糖体后 reads 数量	全部的可以定位到基因组上的 reads 数及比例 /%	唯一比对上参考基因组的 reads 数及比例 /%	多处比对上参考基因组的 reads 数及比例 /%
P62-2	46380226	37485900（80.82）	36034985（77.69）	1450915（3.13）
P62-3	45729390	37284560（81.53）	35798376（78.28）	1486184（3.25）
CK7-1	41965358	34723462（82.74）	33490137（79.80）	1233325（2.94）
CK7-2	39174268	31400159（80.16）	30303643（77.36）	1096516（2.80）
CK7-3	39905746	31671347（79.37）	30523471（76.49）	1147876（2.88）
P72-1	37166700	29288633（78.80）	28203736（75.88）	1084897（2.92）
P72-2	41839012	33616991（80.35）	32423809（77.50）	1193182（2.85）
P72-3	39900044	31960071（80.10）	30797347（77.19）	1162724（2.91）

从表 4-4 中可知，全部的可以定位到基因组上的 reads（Mapped Reads）的比例为 78.36% ～ 82.74%，唯一比对上参考基因组的 reads（Unique_Mapped）的比例为 75.42% ～ 79.80%，多处比对上参考基因组的 reads（Multiple_Mapped）的比例为 2.80% ～ 3.34%。比对结果显示各样本唯一比对上参考基因组的 reads 比例均达到测序要求（Read 比对比例≥ 75%），转录组测序参考基因组选择合适，为后续生物信息学分析提供质量保障。

测序获得的 reads 除与基因组进行总体匹配外，进一步与基因外显子区进行匹配（表 4-5），研究的全部处理匹配比例超过 56.6%，与内含子区匹配最低，均在 8.3% 以下，而匹配到基因间隔区域的比例波动于 32.44% ～ 34.80% 之间。综合来看，与外显子区匹配较高，表明测序获得的数据质量较好，可进一步用于差异表达基因的分析。

表 4-5　与外显子区、内含子区和基因间区的比对统计

样本	外显子区 reads 数及比例 /%	内含子区 reads 数及比例 /%	基因间区 reads 数及比例 /%
CK4-1	17472789（58.91）	2338231（7.88）	9847521（33.20）
CK4-2	18598791（58.69）	2529769（7.98）	10562777（33.33）
CK4-3	23659844（58.27）	3323222（8.18）	13622550（33.55）
P42-1	18447335（56.94）	2676139（8.26）	11274156（34.80）
P42-2	21474937（57.74）	3055578（8.21）	12664601（34.05）
P42-3	19524693（57.69）	2736119（8.08）	11582651（34.22）
CK5-1	19287935（59.30）	2528530（7.77）	10709729（32.93）
CK5-2	27501374（59.91）	3338474（7.27）	15067979（32.82）

续表

样本	外显子区 reads 数及比例 /%	内含子区 reads 数及比例 /%	基因间区 reads 数及比例 /%
CK5-3	20279259（59.50）	2619489（7.69）	11183768（32.81）
P52-1	18106233（58.45）	2459196（7.94）	10409923（33.61）
P52-2	21163475（58.86）	2757003（7.67）	12032864（33.47）
P52-3	20095200（59.26）	2573805（7.59）	11239385（33.15）
CK6-1	20917674（59.17）	2876785（8.14）	11559787（32.70）
CK6-2	23259839（59.52）	3079968（7.88）	12738538（32.60）
CK6-3	21246760（59.85）	2738823（7.71）	11515860（32.44）
P62-1	21818862（58.87）	2922293（7.88）	12324515（33.25）
P62-2	21905155（58.44）	2995780（7.99）	12584965（33.57）
P62-3	21965531（58.91）	2910356（7.81）	12408673（33.28）
CK7-1	20710638（59.64）	2653212（7.64）	11359612（32.71）
CK7-2	18751721（59.72）	2378471（7.57）	10269967（32.71）
CK7-3	18925017（59.75）	2377526（7.51）	10368804（32.74）
P72-1	17281838（59.01）	2214963（7.56）	9791832（33.43）
P72-2	19796314（58.89）	2582702（7.68）	11237975（33.43）
P72-3	18969752（59.35）	2353625（7.36）	10636694（33.28）

4.2.3 重复相关性评估

利用 Pearson 相关系数分析各处理下 3 次生物学重复间的相关性（图 4-3）。由图 4-3 可知，各相关系数均高于 0.97，表明相关性高，即测序数据的重复性好。

4.2.4 DEGs 表达分析

组织的转录组差异性决定功能的特异性。对相同时期截干与对照云南松针叶转录组数据进行比较分析，获得截干与对照之间有关的 DEGs。以 FDR<0.05 且 $|\log_2 FC|>1$ 为标准筛选显著差异基因。

差异基因数量对时间的响应情况见图 4-4。从图 4-4 中可知，CK4-vs-P42、CK5-vs-P52、CK6-vs-P62 和 CK7-vs-P72 中分别检测到 2877 个、526 个、2139 个和 1528 个差异基因。这可以说明，截干处理改变基因表达水平。

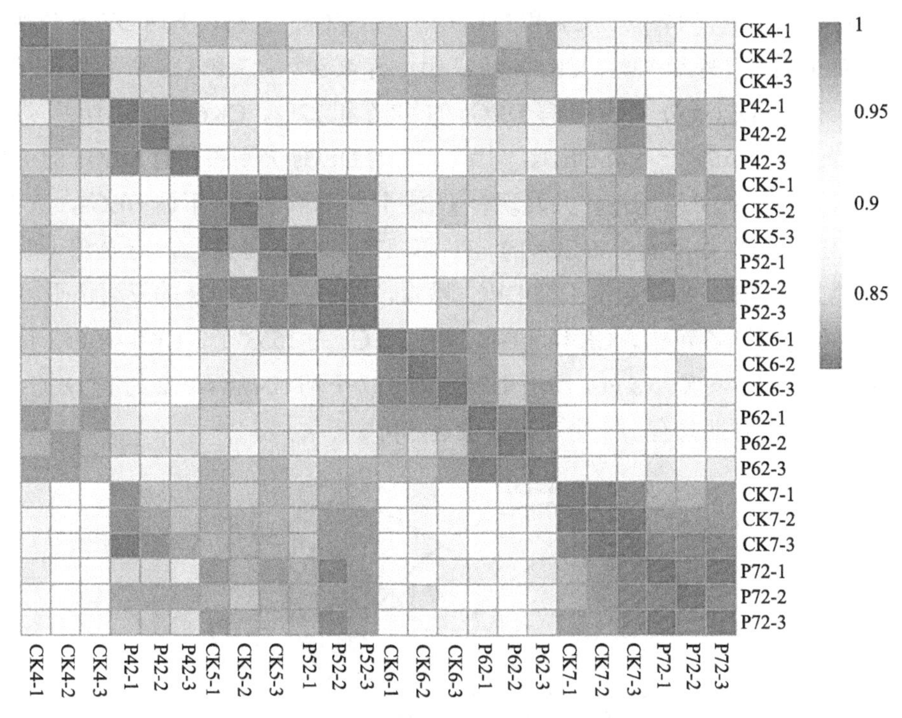

图4-3 生物学重复间相关性分析热图

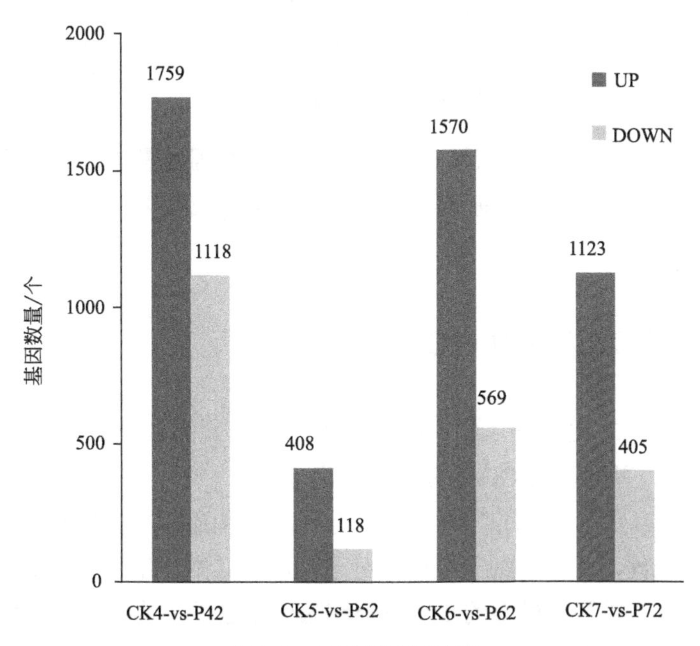

图4-4 差异基因统计图

CK4-vs-P42 组中有 1759 个上调和 1118 个下调 DEGs，上调、下调 DEGs 分别占所有 DEGs 的 61% 和 39%。CK5-vs-P52 组中有 408 个上调和 118 个下调 DEGs，上调、下调 DEGs 分别占所有 DEGs 的 78% 和 22%。CK6-vs-P62 组中共有 1570 个上调和 569 个下调 DEGs，上调、下调 DEGs 分别占所有 DEGs 的 73% 和 27%。CK7-vs-P72 组中，共发现有 1123 个上调和 405 个下调 DEGs，上调、下调 DEGs 分别占所有差 DEGs 的 73% 和 27%。由此可见，云南松截干萌枝过程中上调 DEGs 数量大于下调 DEGs 数量，截干提高 DEGs 的表达水平。

由维恩图 4-5 可知，CK4-vs-P42 特有 DEGs 为 1553 个，CK5-vs-P52 特有 DEGs 为 75 个，CK6-vs-P62 特有 DEGs 为 877 个和 CK7-vs-P72 特有 DEGs 为 627 个，四个时期共有 185 个差异共表达基因。

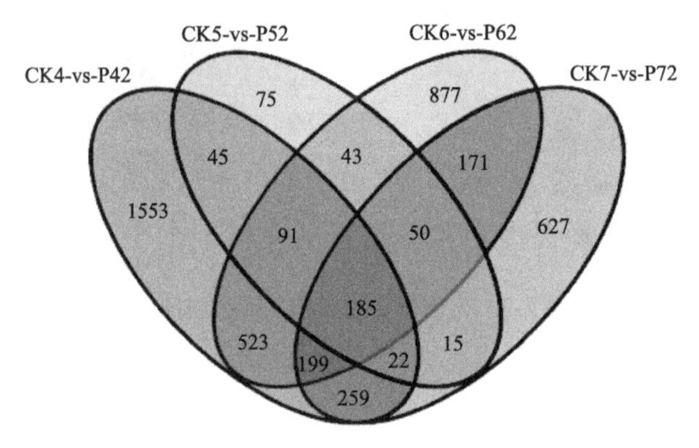

图4-5 差异表达基因维恩图

综上所述，云南松截干后，诱导上调表达的基因数量明显多于诱导下调表达的基因数量，云南松通过基因表达水平的上调响应截干干扰，进而调控其生长发育过程。

4.2.5 差异表达基因 GO 富集分析

对不同时间对比组合（相同时期截干与对照）的差异表达基因分别进行 GO 富集分析，差异基因 GO 富集统计如图 4-6。

由图 4-6 可知，4 个时期对比组合差异表达基因 GO 富集结果相似，主要注释在生物过程，其次是细胞组分和分子功能。其中在生物过程类别中，4 个时期对比组合富集基因最多的 3 个亚类都为代谢过程、单有机体过程和细胞过程。细胞组分类别中，4 个时期对比组合富集基因最多的 3 个亚类是细胞部分、

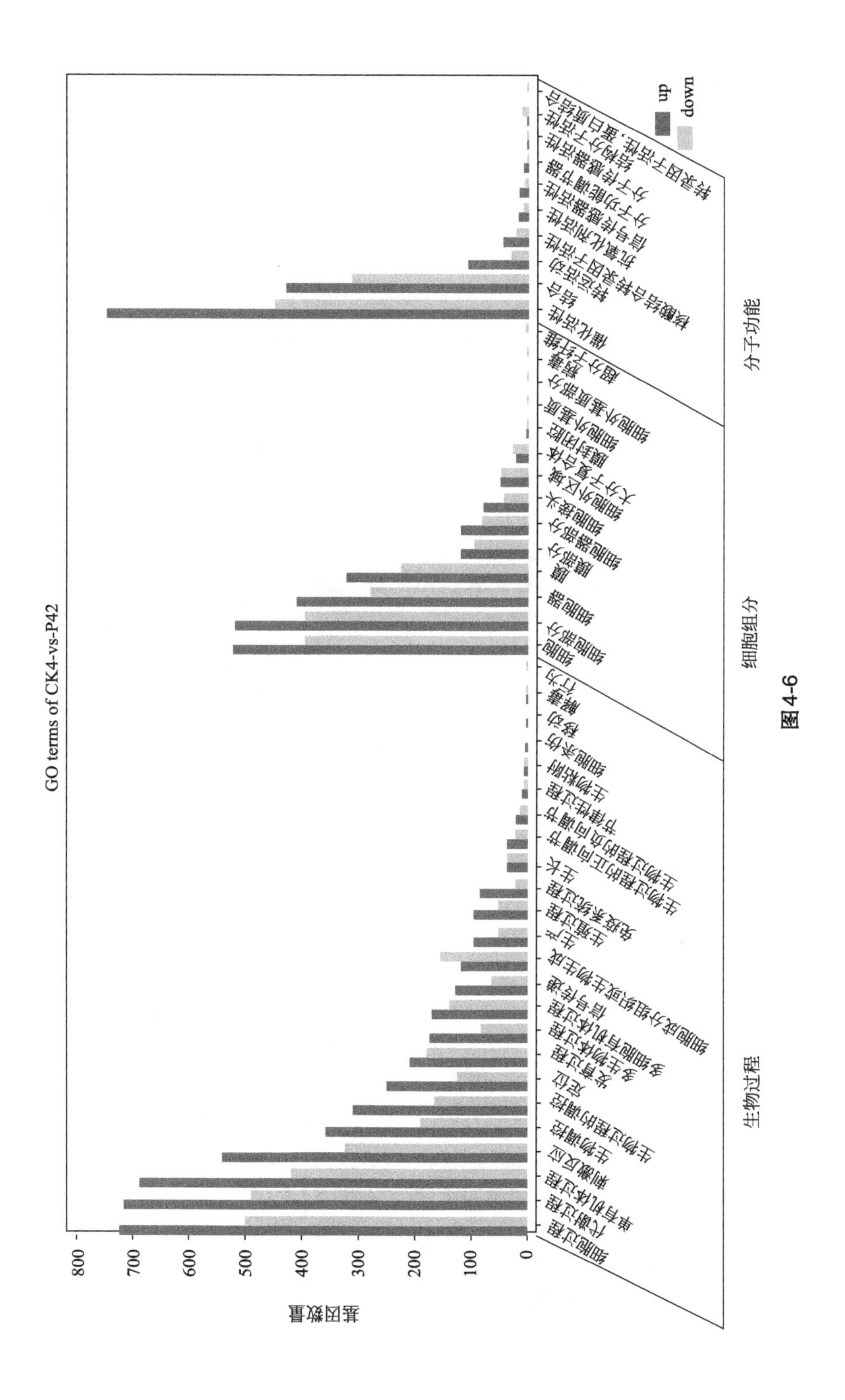

GO terms of CK4-vs-P42
基因数量
800
700
600
500
400
300
200
100
0
细胞过程
代谢过程
单有机体过程
刺激反应
生物调控
生物过程的调控
定位
发育过程
多生物体过程
多细胞有机体过程
信号传递
细胞成分组织或生物生成
生殖
生殖过程
免疫系统过程
生长
生物过程的正向调节
生物过程的负向调节
节律性过程
生物粘附
细胞杀伤
移动
解毒
行为
细胞
细胞部分
细胞器
膜
膜部分
细胞器部分
细胞连接
细胞外区域
大分子复合体
膜封闭腔
细胞外基质
细胞外基质部分
病毒
超分子纤维
催化活性
结合
转运活动
核酸结合转录因子活性
抗氧化剂活性
信号传感器活性
分子功能调节器
分子传感器活性
结构分子活性
转录因子活性，蛋白质结合
up
down
生物过程
细胞组分
分子功能

图 4-6

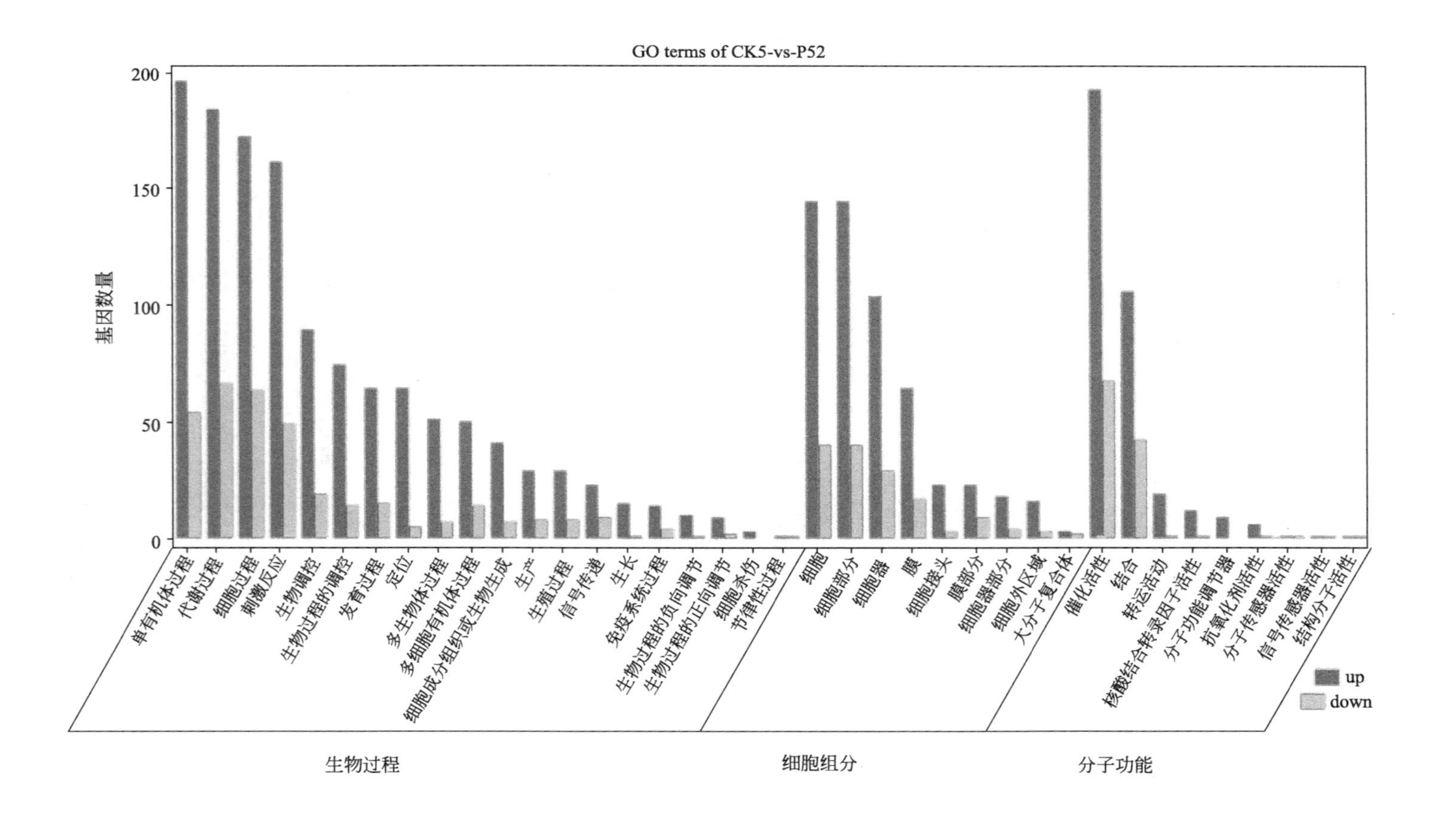
GO terms of CK5-vs-P52
基因数量
200
150
100
50
0
单有机体过程
代谢过程
细胞过程
刺激反应
生物调控
生物过程的调控
发育过程
定位
多生物体过程
多细胞有机体过程
细胞成分组织或生物生成
生产
生殖过程
信号传递
生长
免疫系统过程
生物过程的负向调节
生物过程的正向调节
细胞杀伤
节律性过程
细胞
细胞部分
细胞器
膜
细胞接头
膜部分
细胞器部分
细胞外区域
大分子复合体
催化活性
结合
转运活动
核酸结合转录因子活性
分子功能调节器
抗氧化剂活性
分子传感器活性
信号传感器活性
结构分子活性
up
down
生物过程
细胞组分
分子功能

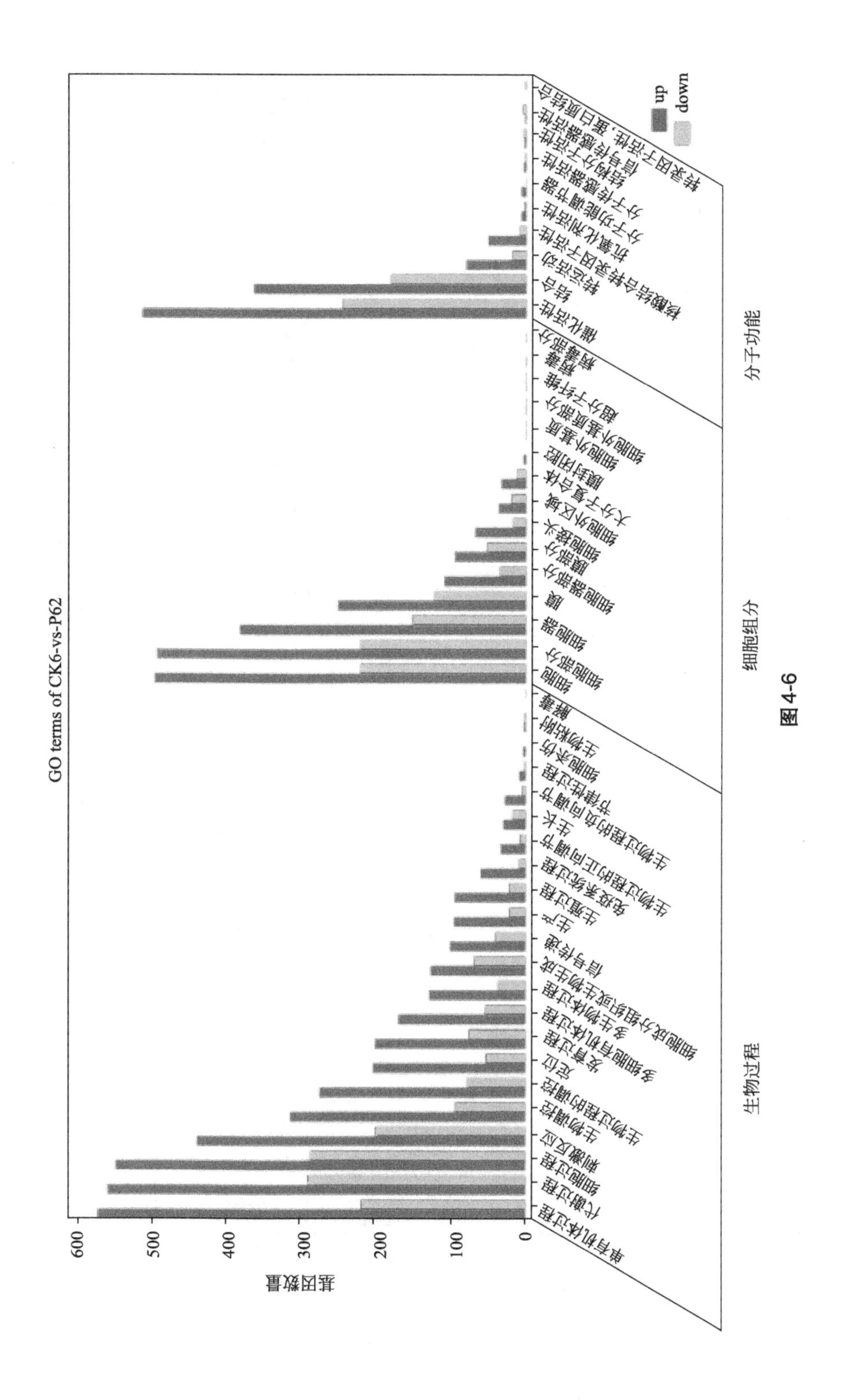

GO terms of CK6-vs-P62
基因数量
0
100
200
300
400
500
600
up
down
单有机体过程
代谢过程
细胞过程
刺激反应
生物调控
生物过程的调控
定位
发育过程
多细胞有机体过程
多生物体过程
细胞成分组织或生物生成
信号传递
生长
生殖过程
免疫系统过程
生物过程的正向调节
生物过程的负向调节
节律性过程
细胞杀伤
生物黏附
解毒
细胞
细胞部分
细胞器
膜
细胞器部分
膜部分
细胞连接
细胞外区域
大分子复合体
膜封闭腔
细胞外基质
细胞外基质部分
超分子纤维
病毒
病毒部分
催化活性
结合
转运活动
核酸结合转录因子活性
抗氧化剂活性
分子功能调节器
分子传感器
结构分子活性
信号传感器活性
转录因子活性，蛋白质结合
生物过程
细胞组分
分子功能

图 4-6

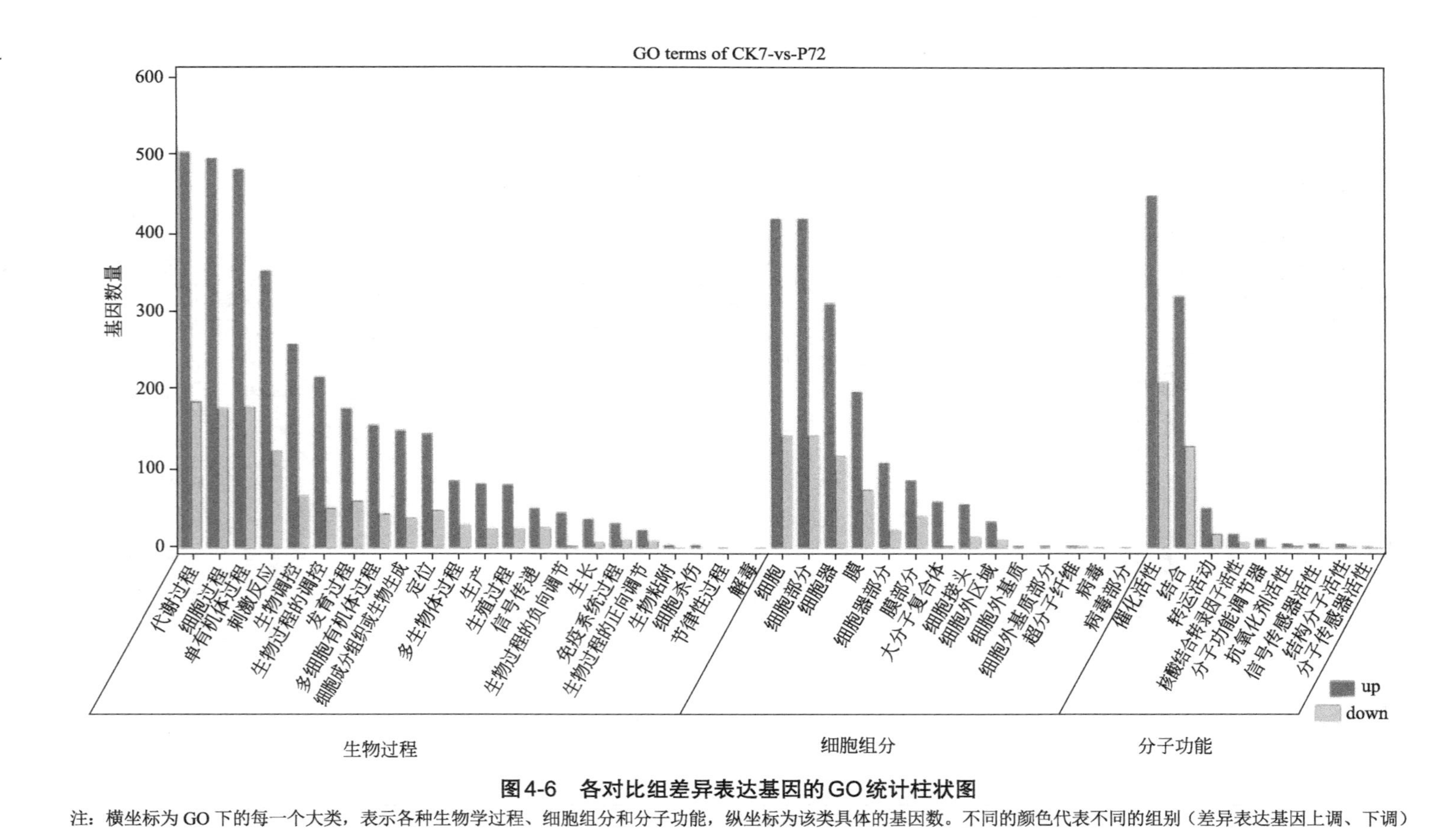

图4-6 各对比组差异表达基因的GO统计柱状图

注：横坐标为GO下的每一个大类，表示各种生物学过程、细胞组分和分子功能，纵坐标为该类具体的基因数。不同的颜色代表不同的组别（差异表达基因上调、下调）

细胞和细胞器。分子功能类别中，4个时期对比组合富集基因最多的3个亚类是催化活性、结合和转运活动。

由此可见，这些生理生化特性在云南松截干萌枝过程中均发生显著性变化，说明这些过程对于萌枝的发生、生长有着显著性的影响。4个时期细胞组分类别中调控细胞部分、细胞和细胞器差异基因最多，说明云南松截干萌枝过程中与细胞相关组分的产量高，细胞分裂旺盛。同时，生物过程和分子功能差异基因集中富集在代谢、单有机体过程、转运活动、结合和催化活性等，也反映出云南松萌枝过程中能量物质代谢、物质转运和合成旺盛，这些差异基因在云南松截干萌枝过程中发挥着重要的作用。另外，在生物学过程中，4个时期对比组合对刺激的应答也富集大量的差异基因，说明植物对截干干扰启动防御机制。

从本书第3章的研究结果可知，激素与云南松截干后萌枝的发生、生长有着紧密的联系，对不同对比时期生物学过程的DEGs进行GO富集筛选。以p-Value adjust<0.05为显著富集的标准，共筛选出454条显著富集GO条目，其中与植物激素相关的有7条（表4-6）。从表4-6中可以看出，这7条GO条目主要富集在激素水平调控、激素响应、激素转导等，说明激素在云南松截干萌枝过程中发挥重要的调控作用。

表4-6 植物激素GO显著富集的情况

组别	GO ID	描述	差异基因数量	*P*
CK4-vs-P42	GO:0010817	激素水平调控	50	0.00596
CK4-vs-P42	GO:0009725	激素响应	198	0.03042
CK4-vs-P42	GO:0009914	激素转导	20	0.04691
CK5-vs-P52	GO:0009725	激素响应	57	0.00451
CK6-vs-P62	GO:0009725	激素响应	162	0.00052
CK7-vs-P72	GO:0010817	激素水平调控	35	0.00109
CK7-vs-P72	GO:0009914	激素转导	14	0.02806

注：*P*为显著性。

4.2.6 差异表达基因KEGG通路富集分析

（1）DEGs富集的KEGG通路类型分类

DEGs的KEGG富集分析表明，在CK4-vs-P42、CK5-vs-P52和CK6-vs-P62组中，DEGs富集到的KEGG通路类型主要为代谢和环境信息处理，分别占比为 81.21% 和 6.54%、87.82% 和 5.10%、78.68% 和 7.08%。在 CK7-vs-P72 组中，DEGs 富集到的 KEGG 通路类型主要为代谢和遗传信息处理，分别占比为 82.93% 和 7.09%。说明截干主要是影响植物代谢反应和环境信息处理。

（2）DEGs 富集的 KEGG 通路分析

为了进一步了解 DEGs 的生物学功能，对其进行 KEGG 富集分析，确定云南松截干后差异表达基因所参与的生物代谢通路时间变化情况，对显著性 Q 值最小的前 20 个通路绘制图 4-7。

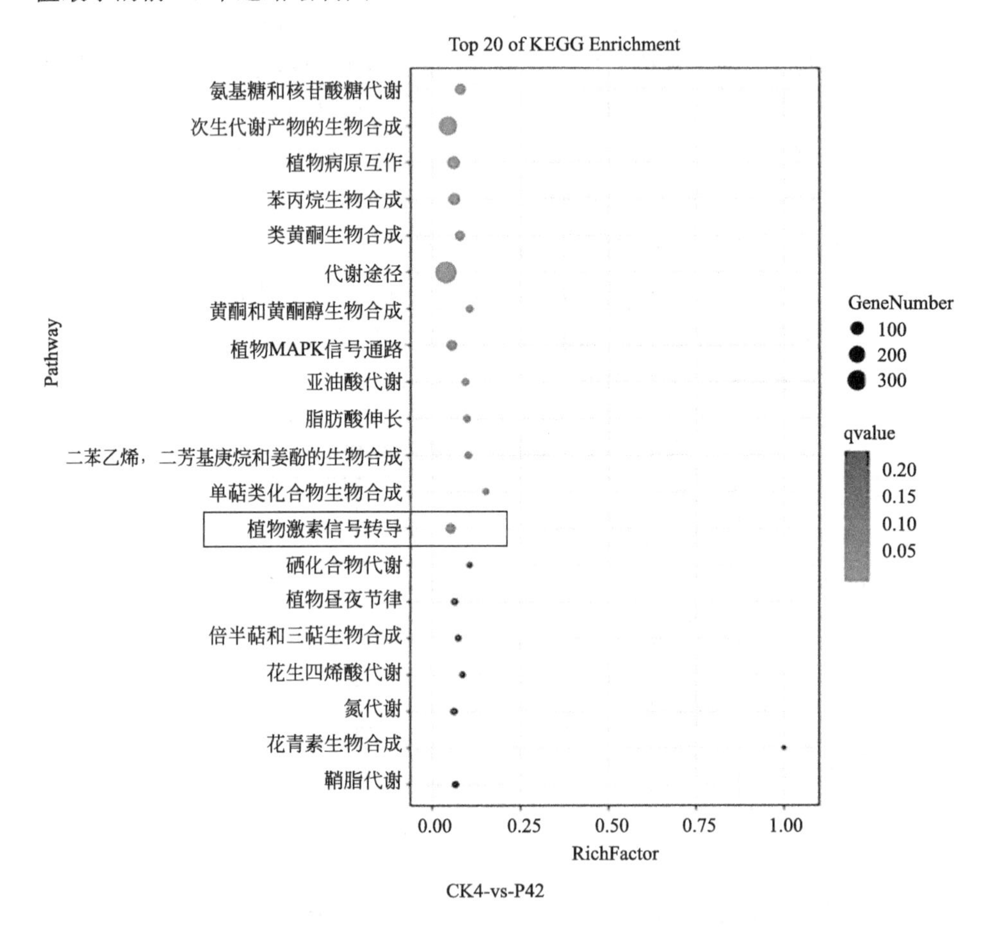

CK4-vs-P42

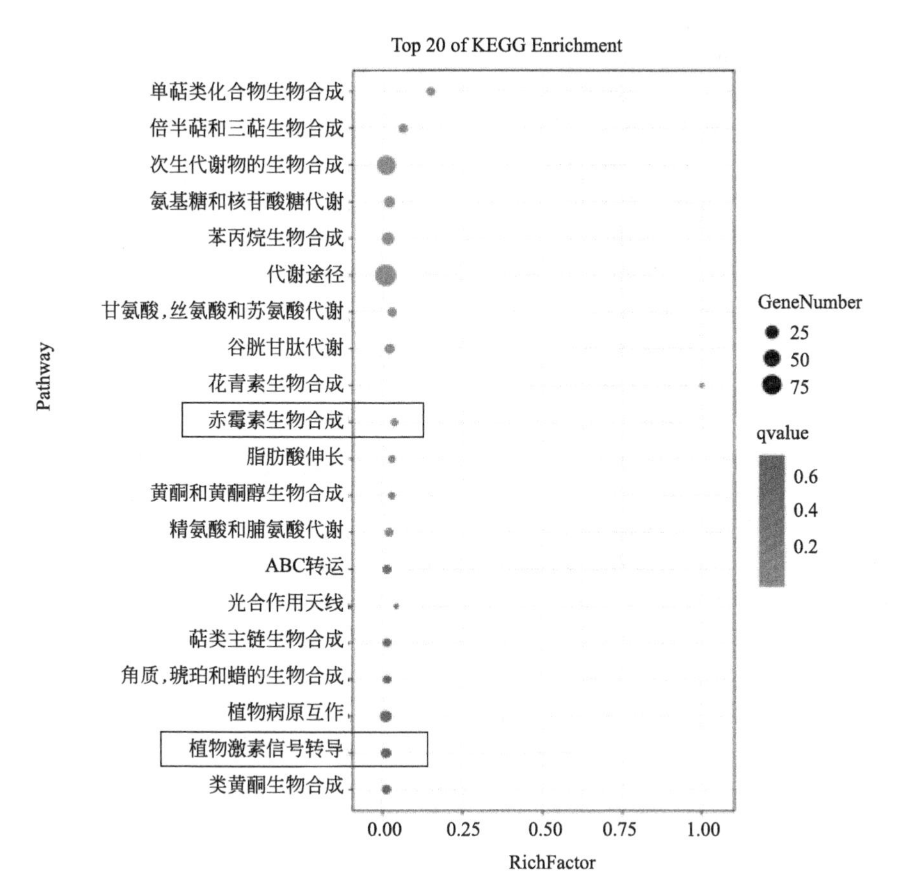
Top 20 of KEGG Enrichment
单萜类化合物生物合成
倍半萜和三萜生物合成
次生代谢物的生物合成
氨基糖和核苷酸糖代谢
苯丙烷生物合成
代谢途径
甘氨酸，丝氨酸和苏氨酸代谢
谷胱甘肽代谢
花青素生物合成
赤霉素生物合成
脂肪酸伸长
黄酮和黄酮醇生物合成
精氨酸和脯氨酸代谢
ABC转运
光合作用天线
萜类主链生物合成
角质，琥珀和蜡的生物合成
植物病原互作
植物激素信号转导
类黄酮生物合成
Pathway
0.00
0.25
0.50
0.75
1.00
RichFactor
GeneNumber
25
50
75
qvalue
0.6
0.4
0.2
CK5-vs-P52

图4-7

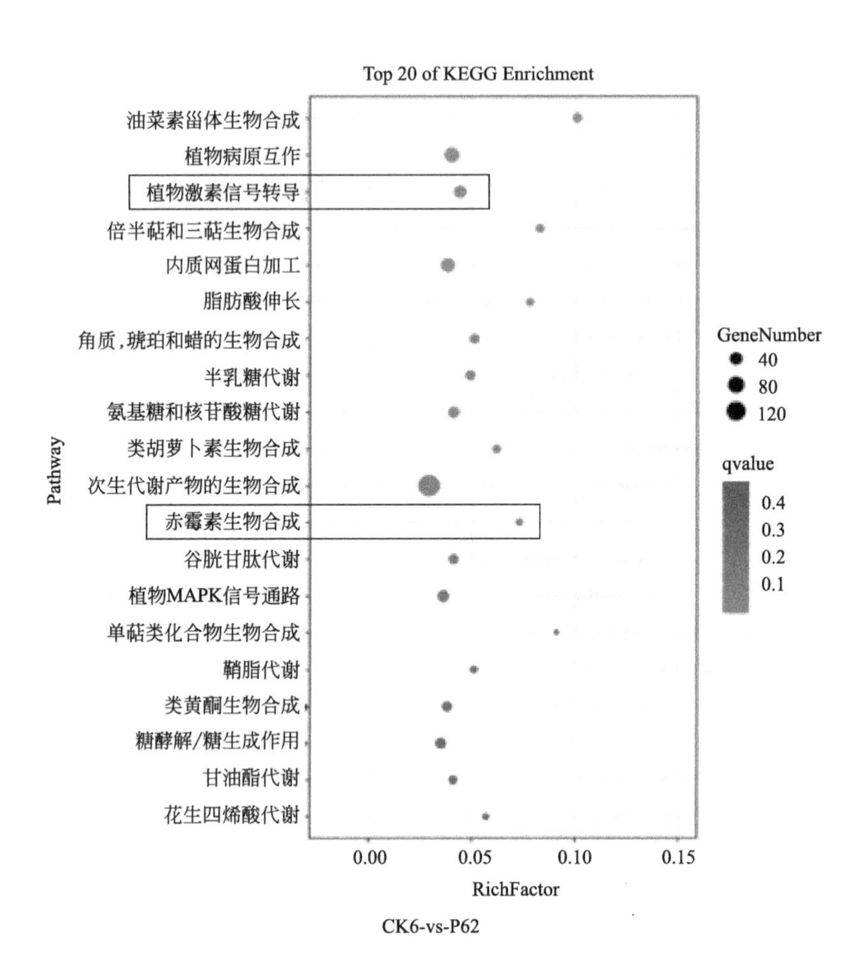
Top 20 of KEGG Enrichment
油菜素甾体生物合成
植物病原互作
植物激素信号转导
倍半萜和三萜生物合成
内质网蛋白加工
脂肪酸伸长
角质，琥珀和蜡的生物合成
半乳糖代谢
氨基糖和核苷酸糖代谢
类胡萝卜素生物合成
次生代谢产物的生物合成
赤霉素生物合成
谷胱甘肽代谢
植物MAPK信号通路
单萜类化合物生物合成
鞘脂代谢
类黄酮生物合成
糖酵解/糖生成作用
甘油酯代谢
花生四烯酸代谢
Pathway
0.00
0.05
0.10
0.15
RichFactor
GeneNumber
40
80
120
qvalue
0.4
0.3
0.2
0.1

CK6-vs-P62

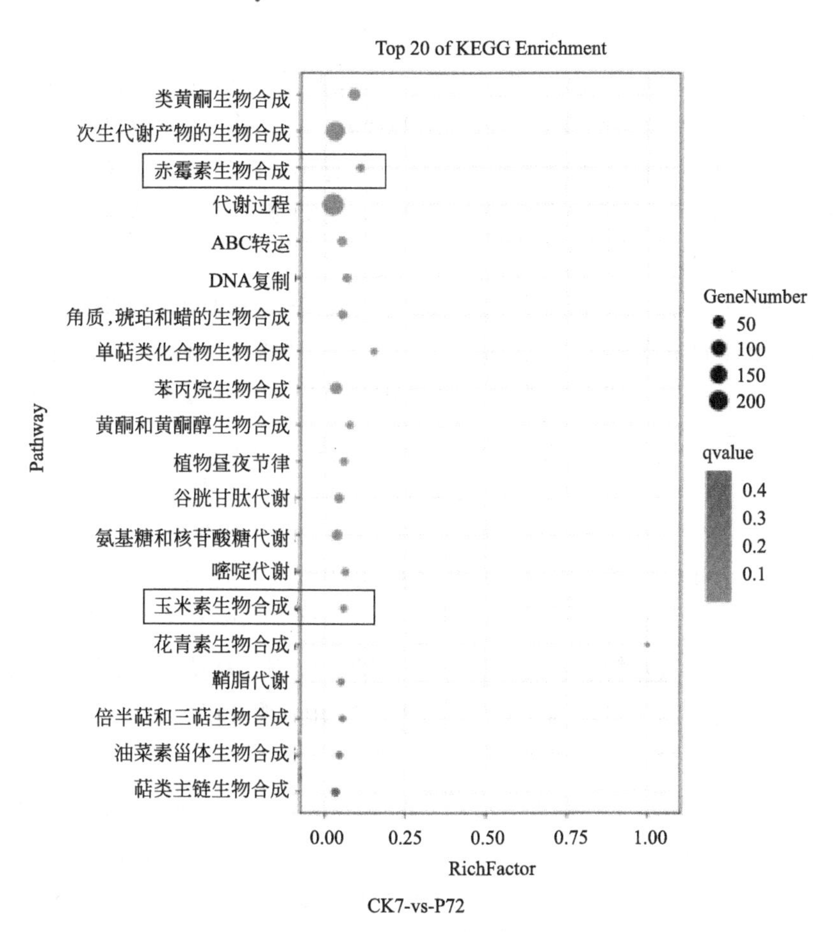

图4-7　差异基因KEGG富集分析

注：横坐标为pathway对应的Rich factor，纵坐标为pathway名称。点的颜色代表q-value的大小，点的大小表示每个pathway包含的差异基因数量。

由图可知4-7，在CK4-vs-P42对比组中，差异表达基因显著富集于13个代谢通路，分别是氨基糖和核苷酸糖代谢、次生代谢产物的生物合成、植物病原互作、苯丙烷生物合成、类黄酮生物合成、代谢途径、黄酮和黄酮醇生物合成、植物MAPK信号通路、亚油酸代谢、脂肪酸伸长、二苯乙烯，二芳基庚烷和姜酚的生物合成、单萜类化合物的生物合成和植物激素信号转导。

在CK5-vs-P52对比组中，差异表达基因显著富集于8个代谢通路，分别是单萜类化合物的生物合成、倍半萜和三萜的生物合成、次生代谢物的生物合成、氨基糖和核苷酸糖代谢、苯丙烷生物合成、代谢途径、甘氨酸，丝氨酸和苏氨酸代谢和谷胱甘肽代谢。从图中还可以看出，CK5-vs-P52对比组中，富集前20条通路中，与植物激素相关通路为植物激素信号转导和赤霉素生物合成，排序分别为第19和第10。

在CK6-vs-P62对比组中，差异表达基因显著富集于4个代谢通路，分别是油菜素甾体的生物合成、植物病原互作、植物激素信号转导、倍半萜和三萜的生物合成。从图中还可以看出，CK6 vs P62对比组中富集前20条通路中，与植物激素相关通路还有赤霉素生物合成，排序第12。

在CK7-vs-P72对比组中，差异表达基因显著富集于14个代谢通路，分别是黄酮类生物合成、次生代谢物的生物合成、赤霉素生物合成、代谢过程、ABC转运、DNA复制、角质，琥珀和蜡质物质的生物合成、单萜类化合物的生物合成、苯丙烷生物合成、黄酮和黄酮醇的生物合成、植物昼夜节律、谷胱甘肽代谢、氨基糖和核苷酸糖代谢、嘧啶代谢。从图4-7中还可以看出，CK7 vs P72对比组中富集前20条通路中，与植物激素相关通路还有玉米素生物合成，排序第15。

不同时间对比组中，截干与对照之间分别有13、8、4和14个KEGG代谢通路在萌枝过程中显著富集，说明以上显著富集通路在云南松萌枝过程中发挥重要功能。值得注意的是，植物激素信号转导通路在CK4-vs-P42、CK5-vs-P52和CK6-vs-P62中富集程度都排在前20，且在CK4-vs-P42和CK6-vs-P62对比组中被显著富集；赤霉素生物合成在CK5-vs-P52、CK6-vs-P62和CK7-vs-P72对比组中富集程度排序分别为第10、第12和第3；玉米素生物合成在CK7-vs-P72中富集程度排在第15。由此表明，激素信号转导和赤霉素在云南松萌枝过程中起重要的调控作用。

4.2.7 内源激素合成代谢及信号转导通路关键基因时间动态分析

植物激素在植物对截干干扰的响应中具有重要作用。本研究主要关注参与 IAA、GA、ZT 和 ABA 合成代谢以及信号转导通路中的关键基因。基因来源于 KEGG 数据库代谢通路中有关激素合成代谢以及信号转导基因。生长素合成代谢关键基因来自于色氨酸代谢通路 KEGG ID（ko00380）；细胞分裂素合成代谢关键基因来自于玉米素生物合成代谢通路 KEGG ID（ko00908）；赤霉素合成代谢关键基因来自于二萜生物合成代谢通路 KEGG ID（ko00904）；脱落酸合成代谢关键基因来自于类胡萝卜素生物合成代谢通路 KEGG ID（ko00906）；激素信号转导关键基因来自于 KEGG ID（ko04075）。对至少在 1 个植物组织中表达量 FPKM ≥ 10 的基因用于后续分析。

4.2.7.1 IAA 合成代谢及信号转导通路关键基因表达分析

生长素合成代谢通路中基因表达情况见图 4-8。由图 4-8 可以看出，与相同时期对照（未截干）相比，生长素合成调控关键基因 *amidase* 表达水平略有上升，*YUC9* 表达水平略有下降，参与调控生长素动态平衡、降低生长素含量的 *GH3* 基因的表达水平略有升降。由此说明，截干后生长素合成、代谢相关基因的表达量有升有降，没有表现出明显的上调或下调，至于 4 月份生长素浓度的显著上升与此是否存在直接联系尚需进一步探讨。

生长素信号转导通路中基因表达情况见图 4-8。由图 4-8 可知，与相同时期对照（未截干）相比，截干处理没有明显改变生长素受体相关的 *AFB* 基因和转录因子 *ARF* 基因表达水平，而 *Aux/IAA* 阻遏蛋白相关的 *IAA8*、*IAA9*、*IAA11* 等基因表达有升有降，上述基因表达水平总体差异不大。生长素转入蛋白基因（*LAX4-2*）表达在 4 月份、6 月份和 7 月份显著上调。IAA 应答基因 *SAUR50* 基因表达水平，截干处理高于对照，其中 4 月份和 6 月份显著上调。由此可以说明，截干处理提高 *SAUR* 基因表达量，*SAUR* 基因接收并响应 IAA 信号发挥作用，参与激素响应的生长发育调控。

4.2.7.2 ZT 合成代谢及信号转导通路关键基因表达分析

细胞分裂素合成代谢通路中基因表达情况见图 4-9。由图 4-9 可以看出，与相同时期对照（未截干）相比，细胞分裂素合成调控关键基因 *CYP735A*、*IPT* 和细胞分裂素降解基因 *CKX*、*UGT* 和 *ZOG* 表达水平有升有降，总体差异

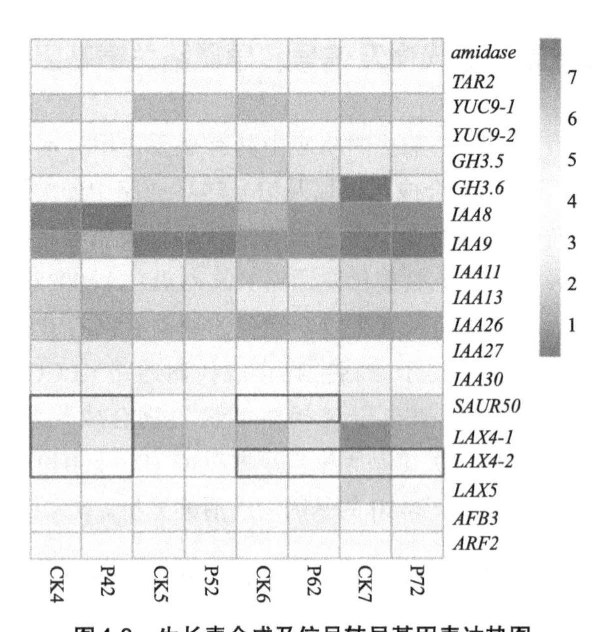

图4-8 生长素合成及信号转导基因表达热图

注：基因热图值为 log_2（FPKM），蓝色框表示为差异基因。下同。

不大。由此说明，与相同时期对照（未截干）相比，截干处理后细胞分裂素合成代谢调控关键基因表达无明显上调或下调，暗示截干对ZT含量无明显影响。从图4-9还可以看出，对照（未截干）与截干的细胞分裂素降解 *UGT85A1* 基因的表达水平4月份明显低于其他月份，合成基因表达水平无明显差异，这可能是对照（未截干）与截干4月份ZT含量高于其他月份的原因。

细胞分裂素信号转导通路中基因表达情况见图4-9。由图4-9可知，与相同时期对照（未截干）相比，截干处理的细胞分裂素编码组氨酸激酶AHK4、编码磷酸转运蛋白AHP以及CTK反应调节因子ARR（6月除外）的表达水平基本相同。由此可以说明，截干处理与对照（未截干）之间细胞分裂素信号转导关键基因表达水平没有明显变化，截干可能没有激活细胞分裂素的信号转导通路。

4.2.7.3 GA_3 合成代谢及信号转导通路关键基因表达分析

赤霉素合成代谢通路中基因表达情况见图4-10。由图4-10可以看出，与相同时期对照（未截干）相比，赤霉素合成前期调控 *KO*、*KAO* 和 *KS* 关键基因表达水平以下调为主，赤霉素合成的关键基因 $GA20_{OX}$ 表达水平基本相同；除 *GA2ox2-1* 外，截干处理显著降低参与赤霉素降解基因 *GA2ox* 的表达水平，

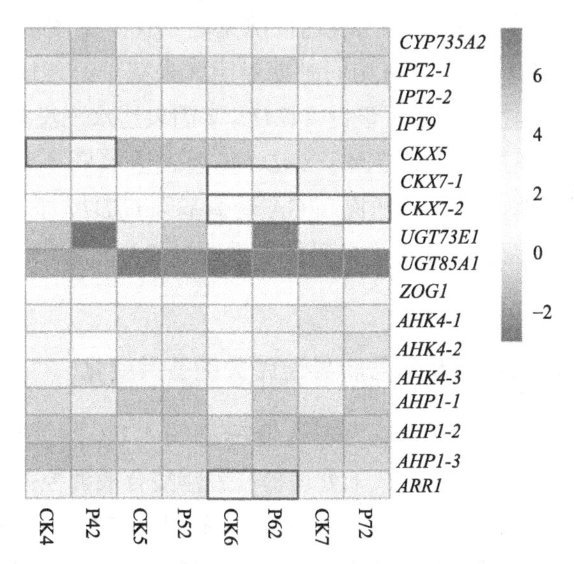

图4-9 细胞分裂素合成及信号转导基因表达热图

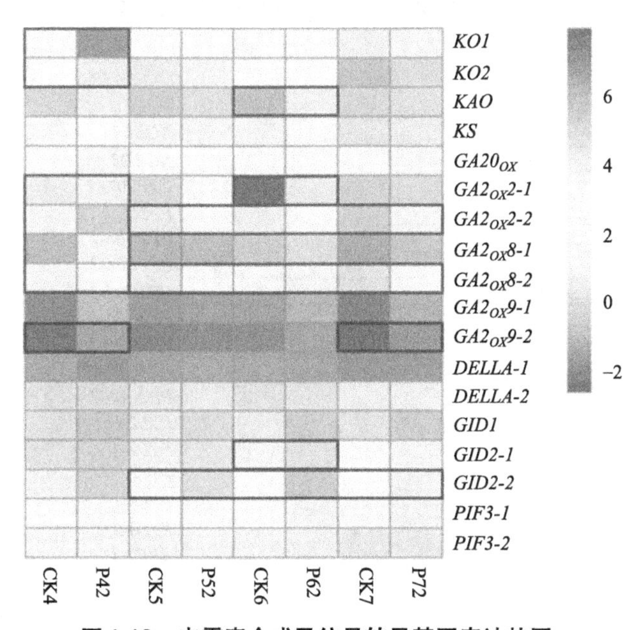

图4-10 赤霉素合成及信号转导基因表达热图

其中 $GA2_{OX}2\text{-}2$ 和 $GA2_{OX}8\text{-}2$ 基因表现更为典型，$GA2_{OX}8\text{-}1$、$GA2_{OX}9\text{-}2$ 在部分时期显著下调。由此可以说明，截干处理没有明显改变赤霉素合成关键基因 $GA20_{OX}$ 表达量，赤霉素降解关键基因 $GA2_{OX}$ 表达水平明显降低，暗示截干提高赤霉素含量。

赤霉素信号转导通路中基因表达情况见图4-10。由图4-10可知，赤霉素信号转导通路关键基因中，与相同时期对照（未截干）相比，截干处理的转录因子*PIF3*和负调控DELLA蛋白（*GAI*）基因表达水平没有明显改变，提高GA受体基因*GID1*、正向调控因子*GID2*基因表达水平（在部分时期显著上调）。由此可以说明，截干处理提高GA受体基因*GID1*、正向调控因子*GID2*基因表达水平，从而提高赤霉素信号转导系统对GA的敏感性，参与激素响应的生长发育调控。

4.2.7.4 ABA合成代谢及信号转导通路关键基因变化

脱落酸合成代谢通路中基因表达情况见图4-11。由图4-11可以看出，与相同时期对照（未截干），截干处理提高脱落酸合成调控关键基因*NCED*表达水平，以4月份最为明显；参与脱落酸降解基因*CYP707A1*表达水平略有下调。由此可以说明，截干后脱落酸合成调控关键基因表达水平以上调为主，降解基因表达略有下调，暗示截干提高ABA含量，4月份可能显著提高ABA含量。

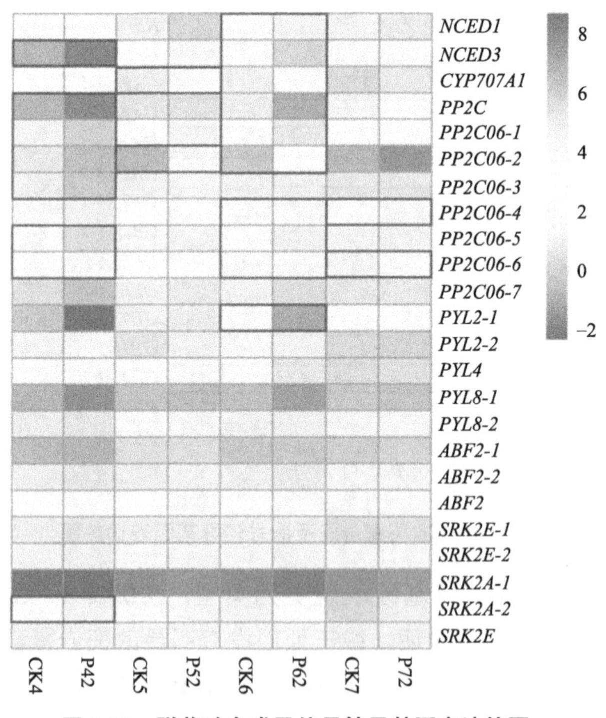

图4-11 脱落酸合成及信号转导基因表达热图

脱落酸信号转导通路中基因表达情况见图4-11。由图4-11可知，与相同时期对照（未截干）相比，截干处理显著提高4月份和6月份ABA负调控蛋白磷酸酶*PP2C*基因表达水平，其他月份无明显变化。ABA受体*PYL*基因表达水平有升有降，总体差异不大；转录调节因子*ABF*表达水平基本一致，除4月份正调控蛋白激酶*SRK2A-2*显著上调外，其他SRK表达水平基本一致。由此可以说明，截干处理显著提高4月份和6月份ABA负调控蛋白磷酸酶*PP2C*基因表达量，其他ABA信号转导基因表达量变化不明显，截干没有激活ABA信号转导通路。

4.2.8 1,3-*β*-葡聚糖酶表达分析

由图4-12可知，与相同时期对照（未截干）相比，截干处理提高1,3-*β*-葡聚糖酶表达水平，以4月份最为明显。由此表明，截干明显促进1,3-*β*-葡聚糖酶表达，基因表达水平随时间呈下降趋势。

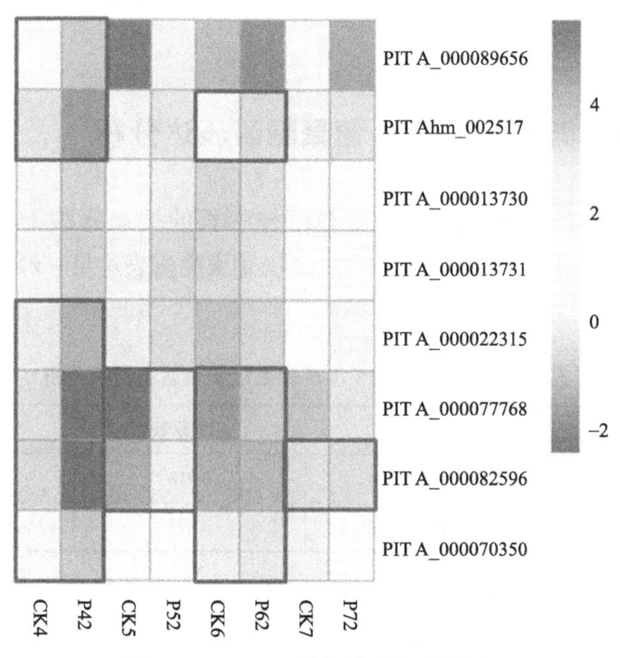

图4-12 1,3-*β*-葡聚糖酶表达热图

为了解GA_3含量与1,3-*β*-葡聚糖酶表达关系随时间变化规律，对1,3-*β*-葡聚糖酶表达量（y）与GA_3含量（x）进行回归分析（表4-7）。

表4-7　GA_3含量与1,3-β-葡聚糖酶表达量回归分析

基因	回归方程	相关系数	显著性
PITA_000013731	y=0.984x+0.756	0.975	0.025
PITA_000022315	y=0.895x+1.304	0.865	0.135
PITA_000013730	y=1.126x+0.208	0.852	0.148
PITA_000089656	y=2.050x−4.405	0.572	0.428
PITAhm_002517	y=0.384x+2.632	0.416	0.584
PITA_000077768	y=0.550x+2.547	0.358	0.642
PITA_000082596	y=0.432x+2.935	0.261	0.740
PITA_000070350	y=0.384x+1.435	0.219	0.782

由表4-7可见，GA_3含量与1,3-β-葡聚糖酶表达量呈正相关趋势，其中PITA_000013731基因表达量与GA_3含量呈显著正相关（$p<0.05$），基因PITA_000013730和PITA_000022315表达量与GA_3含量的相关系数在0.85以上，两者之间正相关关系具有一定的可靠性。由此表明，GA_3含量对1,3-β-葡聚糖酶表达具有促进作用。

4.2.9　萌枝能力与1,3-β-葡聚糖酶表达分析

为了解1,3-β-葡聚糖酶表达量与萌枝生长的关系随截干后时间变化规律，对萌枝数量或萌枝生长量（y）与1,3-β-葡聚糖酶表达量（x）进行回归分析（表4-8）。

表4-8　萌枝能力与1,3-β-葡聚糖酶表达量回归分析

指标	回归方程	相关系数	显著性
萌枝数量	y=1.943x+0.042	0.918	0.082
萌枝生长量	y=0.550x−0.926	0.972	0.028

由表4-8可知，萌枝数量与1,3-β-葡聚糖酶表达量呈正相关关系，相关系数大于0.9，说明1,3-β-葡聚糖酶表达促进萌枝发生。由表4-8还可知，萌条生长量与1,3-β-葡聚糖酶表达量呈显著正相关关系（$p<0.05$），1,3-β-葡聚糖酶表达显著促进萌条的生长。由此表明，1,3-β-葡聚糖酶正向调控云南松萌枝的发生和生长。

4.2.10 qRT-PCR 验证 RNA-Seq 数据

为验证 RNA-Seq 数据的可靠性，挑选 13 个基因涉及激素生物合成、信号转导及调控的下游基因进行 qRT-PCR 验证。结果表明，这 13 个基因 qRT-PCR 与转录组测序的表达模式相似（图 4-13）。表明本研究的 RNA-Seq 结果真实可靠，能准确反映基因的转录水平。

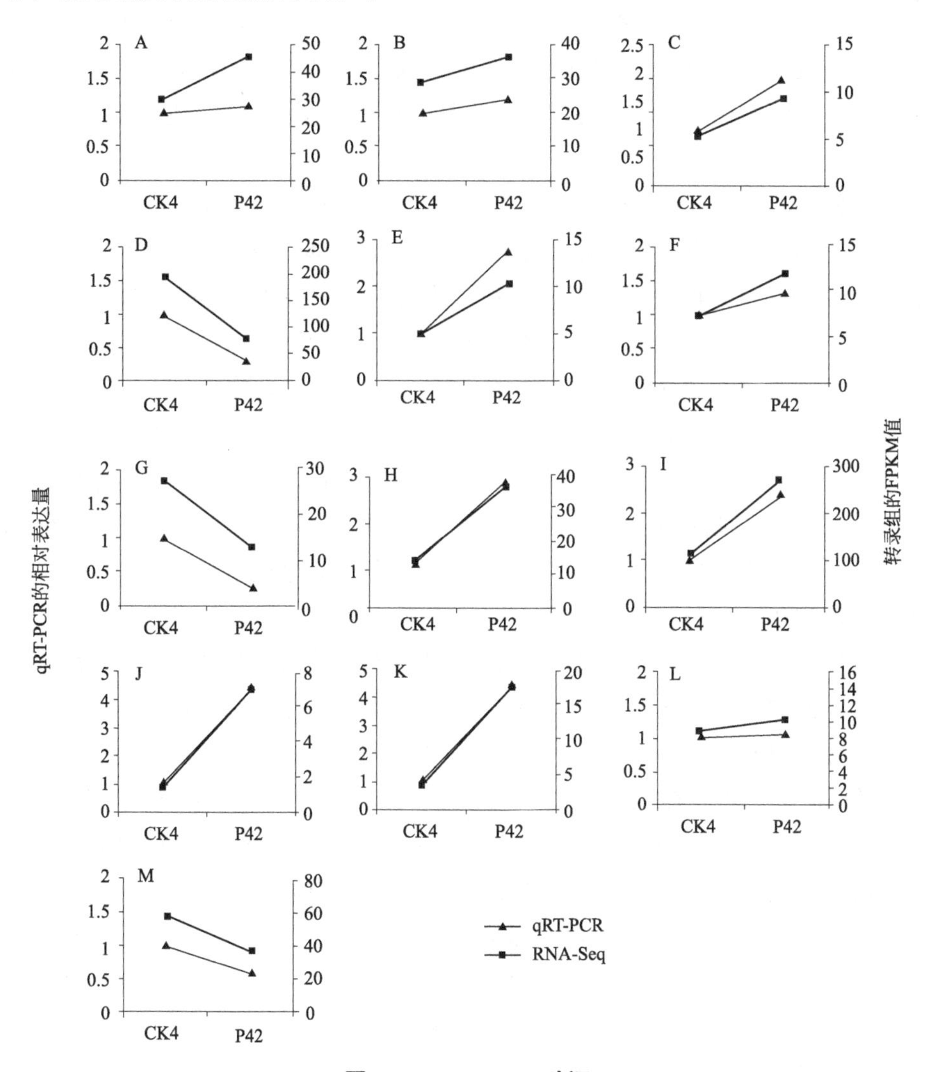

图4-13 qRT-PCR验证

注：A：*GID1C*；B：*GID2*；C：*LOGL1*；D：*GA2ox9*；E：*SP41A-1*；F：*GA20ox1*；G：*CKX*；H：*SAUR*；I：*NCED3*；J：*YUC9*；K：*SP41A-2*；L：*IPT2*；M：*YUC9*；FPKM：Fragments Per kilobase of exon model per Million mapped fragments, 即每千个碱基的转录每百万映射读取的 fragments

4.3 讨论

云南松遭受截干干扰后，差异基因表达改变对干扰做出响应。转录组数据可以在分子水平上表现出植物内部基因的表达情况，转录组测序毫无疑问是分析云南松截干萌枝分子调控机制最有效的方法之一。目前，利用转录组数据分析云南松截干后基因转录水平的变化研究尚未见报道。云南松截干后大量基因表达发生变化，且上调差异基因数量大于下调差异基因数量，截干提高差异基因的表达水平。

差异基因GO富集分析发现，云南松苗木截干促萌过程中差异基因主要富集在细胞部分、细胞、细胞器、代谢过程、单有机体过程、转运活动、结合和催化活性等亚类。说明这些富集的差异基因与云南松截干促萌的过程密切相关。马尾松截顶后代谢、单有机体和细胞过程，以及结合、催化活性、细胞、细胞组分等亚类的差异基因数量最多（朱小坤，2019），银杏复干发育相关的差异表达基因主要富集在生物学过程中的代谢过程、细胞进程、细胞部分、膜部分、催化活性和蛋白结合等亚类（曹钟允，2020），杜仲截干后代谢过程和细胞过程的差异基因最多（杜丹丹，2021），葡萄（*Vitis vinifera*）冬芽自然休眠解除中差异基因主要富集在单有机体过程、结合、催化活性和代谢过程（杨丽丽等，2019）。GO富集分析还表明，激素水平调控、激素响应、激素转导条目被显著富集，说明激素在云南松截干促萌过程中发挥重要的调控作用。植物激素在调控植物生长发育及生物与非生物环境胁迫的适应过程中发挥重要作用，激素调控的相关基因表达变化对胁迫做出响应。去顶通过激素信号转导调节，并刺激腋芽的生长（Domagalska and Leyser，2011），中国沙棘平茬后的萌枝发生和生长与激素信号转导过程密切相关（邹旭，2018），马尾松截顶后差异基因在植物激素信号转导通路中显著富集（朱小坤，2019；王卫锋，2019；杜丹丹，2021）。以上研究证实，激素信号转导在休眠芽的萌发过程中起到重要的调控作用。云南松截干后植物激素信号转导通路、赤霉素合成通路显著富集或富集排名前20，激素信号转导和赤霉素合成在云南松截干促萌过程中起重要的调控作用。

激素合成代谢和信号转导通路中基因表达改变对截干干扰做出响应。我们的研究发现，生长素和细胞分裂素合成代谢调控关键基因、赤霉素合成关键基

因 *GA20*$_{OX}$ 表达水平既有上调也有下调（总体差异不大）；赤霉素降解关键基因 *GA2*$_{OX}$ 的表达水平明显下降；ABA 合成调控基因表达水平以上调为主，以 4 月份显著上调，代谢基因略有下调。截干诱导激素合成、代谢基因表达水平改变，基因表达水平又直接调控云南松体内激素水平。截干处理没有提升赤霉素合成调控关键基因的表达水平，明显降低赤霉素降解关键基因的表达水平，暗示截干提高赤霉素含量。ABA 合成调控基因表达水平略有上调，4 月份显著上调，与 4 月份 ABA 含量显著升高相吻合。IAA 合成调控基因表达水平无明显变化，与 4 月份 IAA 含量显著升高变化不一致，IAA 其他合成途径可能发挥作用。由此表明，云南松截干后，改变激素合成或代谢相关基因表达水平，进而引起激素含量发生改变，基因表达变化与激素含量的测定结果基本一致。云南松截干通过降低赤霉素降解基因表达水平，进而显著提高 GA_3 的含量。去顶对 GA_3 分解代谢基因的表达都有很大影响（Rinne et al，2016），银杏复干过程中提高 GA_3 合成相关的关键基因的表达（曹钟允，2020），马尾松截顶后注释到赤霉素合成关键基因 GAI（朱小坤，2019）。干扰引起赤霉素合成代谢基因表达水平改变，从而调节植物体内赤霉素含量。截干提高云南松 IAA 信号转导中 *SAUR* 基因表达水平、GA_3 信号转导中 GA_3 受体基因 *GID1*、正向调控因子 *GID2* 基因表达水平，促进萌枝的发生和生长。杂交杨树两个 *GID1* 同源基因的大幅上调提高系统对 GA_3 的敏感性（Rinne et al，2016），赤霉素信号相关基因（*GID2* 和 *GID1C*）上调激活 GA_3 信号传导通路（Lu et al，2022），促进芽的萌发和生长（曹钟允，2020），说明赤霉素也参与去顶后腋芽发育的调控（Liu et al，2011a；王卫锋，2019），取决于赤霉素生物合成、分解代谢和受体丰度的平衡（Ueguchi-Tanaka et al，2005）。GA_3 不仅可以打破已经形成的侧芽的休眠，还可能参与侧分生组织的早期调控或侧芽的形成等（倪军，2015）。因此，云南松遭遇截干干扰后，GA_3 和 IAA 信号转导通路的正向调控的相关基因表达上升，IAA 和 GA_3 通过激素信号转导通路参与云南松促萌调控。

激素通过信号转导通路或直接调控下游基因表达，进而调节萌枝的效果。当植物顶芽去除时，GA_3 应答基因启动，促进分枝产生的相关信号物质也启动应答，最终产生分枝（袁进成和刘颖慧，2007）。云南松截干提高 GA_3 含量，GA_3 促进 1,3-β-葡聚糖酶表达水平提升，1,3-β-葡聚糖酶促进萌枝发生和生长。胞间连丝连接相邻植物细胞，形成一个共质体领域，这一领域作为一个孤立的发育和生理单元（Rinne and van der Schoot，2003；Roberts and Oparka，

2003），是连接细胞质、质膜和内质网的通道，介导植物发育过程中的信息传递、组织发育等过程（Levy and Epel，2009）。分生组织休眠时，胼胝质沉积在胞间连丝内部和胞间连丝周围的细胞外（Rinne et al，2001），胼胝括约肌封闭胞间连丝切断所有的细胞联系（Rinne et al，2001；Ruonala et al，2008）。胼胝质沉积受1,3-β-葡聚糖合成酶（胼胝质合成酶）和1,3-β-葡聚糖酶（糖基水解酶*GH17*）的联合作用控制（Rinne et al，2005；Levy et al，2007）。分枝取决于茎和腋芽之间的功能性共质连接，这需要GA和GA调节的*GH17*基因减少胞间连丝和筛板孔的胼胝质（Levy and Epel，2009；Rinne et al，2011）。在多年生植物黄花柳（*Salix caprea*）、梣叶槭（*Acer negundo*）和欧梣（*Fraxinus excelsior*）中，形成层和次生韧皮部细胞1,3-β-葡聚糖酶水解活性在早春破芽前升高，与1,3-β-葡聚糖酶在胼胝质水解中发挥的作用相一致（Krabel et al，1993）。去顶诱导GA_3信号，GA_3诱导的1,3-β-葡聚糖酶水解筛板和胞间连丝上的胼胝体，重新激活共质供应途径，从而驱动腋芽萌发、枝条伸长和形态发生（Rinne et al，2011；Rinne et al，2016）。在杂交杨树中，GA_3上调编码与芽发育相关1,3-β-葡聚糖酶（Rinne et al，2011）。由此表明，GA_3和1,3-β-葡聚糖酶调控筛板和胞间连丝上的胼胝体水解，促进分枝发生。云南松截干降低赤霉素降解基因表达水平，增加GA_3含量，并提高GA_3信号转导受体和正向调控因子表达水平，促进GA_3调控的下游1,3-β-葡聚糖酶表达，水解筛板和胞间连丝上的胼胝体，激活共质供应途径并重新建立茎和腋芽之间联系，从而驱动腋芽萌发，促进云南松萌枝发生和生长。

综合来看，赤霉素生物合成通路和赤霉素激素信号转导通路在云南松截干促萌过程中起重要的调控作用。截干降低赤霉素降解基因表达水平，提高GA_3含量，进而提升赤霉素信号转导受体和正向调控因子表达水平，激素信号转导系统对赤霉素的敏感性提高，促进赤霉素调控的下游1,3-β-葡聚糖酶表达，促进云南松萌枝发生和生长。IAA信号转导中*SAUR*基因表达水平上升，也参与云南松截干促萌的调控过程。

4.4 小结

云南松截干改变基因表达水平，激素相关差异基因富集程度较高。截干后，大量基因表达水平发生变化，差异基因表达以上调为主，截干初期表现更为明显。云南松截干促萌过程中差异基因主要富集在细胞部分、细胞、细胞器、代谢过程、单有机体过程、转运活动、结合和催化活性等GO条目，激素水平调控、激素响应、激素转导等GO条目也被显著富集。KEGG富集分析表明，差异表达基因在植物激素信号转导通路、赤霉素合成通路显著富集或富集排名靠前。

激素相关合成代谢通路中基因的差异表达引起激素含量改变，激素信号转导通路中基因的差异表达调节云南松的萌枝能力。截干明显降低赤霉素降解关键基因的表达水平，提高GA_3含量，ABA合成调控基因表达水平4月份显著上调，IAA和ZT合成代谢基因表达变化总体差异不大，激素含量变化与基因表达变化趋势基本一致。截干提高生长素信号转导通路中*SAUR*基因表达量、赤霉素信号转导通路中赤霉素受体基因*GID1*、正向调控因子*GID2*基因表达量，生长素和赤霉素通过信号转导通路参与截干促萌的调控过程。GA_3促进下游1,3-β-葡聚糖酶表达，而1,3-β-葡聚糖酶表达水平与萌枝能力呈正相关关系。由此表明，GA_3通过激素信号转导通路或直接调控下游1,3-β-葡聚糖酶水解筛板和胞间连丝上的胼胝体，激活共质供应途径并重新建立茎和腋芽之间联系，从而驱动腋芽萌发、枝条伸长和形态改变，提高云南松的萌枝能力。

综上所述，激素及其信号转导在云南松截干促萌过程中起到重要调控作用。生长素和赤霉素通过信号转导通路参与截干促萌的调控过程。赤霉素通过激素信号转导通路或直接调控下游1,3-β-葡聚糖酶表达，水解筛板和胞间连丝上的胼胝体，并重新建立茎和腋芽之间联系，引发腋芽萌发、枝条生长。

第5章

云南松截干促萌对外源激素喷施的响应

本书前面研究表明，内源激素在云南松截干促萌的过程中发挥重要的调控作用。为进一步探明激素在截干萌枝发生和生长过程中调节作用，编者进行外源激素喷施试验。目前，截干等人为干扰下促萌研究多采用喷施外源激素 IAA 和 6-BA（李勇，2019；张玉琦等，2021）。因此，本章采用促萌中常用的外源激素 IAA 和 6-BA 喷施截干后云南松幼苗，分析萌枝数量、生长量对外源激素喷施的响应规律，为进一步证实激素在云南松截干促萌过程中发挥的作用提供新的研究案例。

5.1 材料与方法

5.1.1 试验材料

云南松幼苗培育同本书第 2 章。

5.1.2 试验设计

试验设计采用 2 因素 3 水平 3×3 回归设计，生长素（IAA）、细胞分裂素（6-BA）2 个因素 3 个水平各自两两组合，共组成 9 个处理。IAA 和 6-BA 用量按 Sen（1996）的方法，确定高、中、低三个量浓度，其中高为中的 2

倍、低为0（作为对照），IAA的高水平为300mg・L^{-1}，6-BA的高水平为200mg・L^{-1}（表5-1）。截干前，先挑选生长健壮、苗高相对一致的云南松苗木，于2019年3月下旬进行截干，截干高度为10cm。截干后按试验设计浓度喷施IAA、6-BA水溶液，每7天喷施1次，喷施量以叶片不滴水为宜，共施4次。

表5-1 外源IAA和6-BA配施试验方案

处理	IAA/（mg・L^{-1}）	6-BA/（mg・L^{-1}）
J1	0	0
J2	0	100
J3	0	200
J4	150	0
J5	150	100
J6	150	200
J7	300	0
J8	300	100
J9	300	200

按照田间布设（表5-2）共分9个小区，每个小区40株苗，重复3次，完整试验共包含27个小区，试验苗木共计1080株。

表5-2 外源IAA和6-BA配施田间试验布设

重复Ⅰ	J1	J2	J3	J4	J5	J6	J7	J8	J9
重复Ⅱ	J4	J5	J6	J7	J8	J9	J1	J2	J3
重复Ⅲ	J7	J8	J9	J1	J2	J3	J4	J5	J6

田间布设综合拉丁方和随机排列的特点进行优化，这种田间排列可有效减少生境资源异质性对试验的干扰，同时提高试验的精度和可靠性。由图5-1可知，每一个横行为一个重复，几个相连的直行也可形成一个重复，重组后在统计分析上可得到更多重复，从而可获得更多效应模型以利于优选（鞠剑峰，2002；高年春等，2006）。对3个重复各小区进行重新组合后得到17个新的试验组合（图5-1），最终可拟合17个激素效应方程和反应曲面，提高试验的精确度。

5.1.3 萌枝能力观测

萌枝数量、萌枝生长量动态观测同第2章。

J1	J2	J3	J4	J5	J6	J7	J8	J9
J4	J5	J6	J7	J8	J9	J1	J2	J3
J7	J8	J9	J1	J2	J3	J4	J5	J6

J1	J2	J3	J4	J5	J6	J7	J8	J9
J4	J5	J6	J7	J8	J9	J1	J2	J3
J7	J8	J9	J1	J2	J3	J4	J5	J6

J1	J2	J3	J4	J5	J6	J7	J8	J9
J4	J5	J6	J7	J8	J9	J1	J2	J3
J7	J8	J9	J1	J2	J3	J4	J5	J6

J1	J2	J3	J4	J5	J6	J7	J8	J9
J4	J5	J6	J7	J8	J9	J1	J2	J3
J7	J8	J9	J1	J2	J3	J4	J5	J6

J1	J2	J3	J4	J5	J6	J7	J8	J9
J4	J5	J6	J7	J8	J9	J1	J2	J3
J7	J8	J9	J1	J2	J3	J4	J5	J6

J1	J2	J3	J4	J5	J6	J7	J8	J9
J4	J5	J6	J7	J8	J9	J1	J2	J3
J7	J8	J9	J1	J2	J3	J4	J5	J6

J1	J2	J3	J4	J5	J6	J7	J8	J9
J4	J5	J6	J7	J8	J9	J1	J2	J3
J7	J8	J9	J1	J2	J3	J4	J5	J6

J1	J2	J3	J4	J5	J6	J7	J8	J9
J4	J5	J6	J7	J8	J9	J1	J2	J3
J7	J8	J9	J1	J2	J3	J4	J5	J6

J1	J2	J3	J4	J5	J6	J7	J8	J9
J4	J5	J6	J7	J8	J9	J1	J2	J3
J7	J8	J9	J1	J2	J3	J4	J5	J6

J1	J2	J3	J4	J5	J6	J7	J8	J9
J4	J5	J6	J7	J8	J9	J1	J2	J3
J7	J8	J9	J1	J2	J3	J4	J5	J6

J1	J2	J3	J4	J5	J6	J7	J8	J9
J4	J5	J6	J7	J8	J9	J1	J2	J3
J7	J8	J9	J1	J2	J3	J4	J5	J6

J1	J2	J3	J4	J5	J6	J7	J8	J9
J4	J5	J6	J7	J8	J9	J1	J2	J3
J7	J8	J9	J1	J2	J3	J4	J5	J6

J1	J2	J3	J4	J5	J6	J7	J8	J9
J4	J5	J6	J7	J8	J9	J1	J2	J3
J7	J8	J9	J1	J2	J3	J4	J5	J6

J1	J2	J3	J4	J5	J6	J7	J8	J9
J4	J5	J6	J7	J8	J9	J1	J2	J3
J7	J8	J9	J1	J2	J3	J4	J5	J6

J1	J2	J3	J4	J5	J6	J7	J8	J9
J4	J5	J6	J7	J8	J9	J1	J2	J3
J7	J8	J9	J1	J2	J3	J4	J5	J6

J1	J2	J3	J4	J5	J6	J7	J8	J9
J4	J5	J6	J7	J8	J9	J1	J2	J3
J7	J8	J9	J1	J2	J3	J4	J5	J6

J1	J2	J3	J4	J5	J6	J7	J8	J9
J4	J5	J6	J7	J8	J9	J1	J2	J3
J7	J8	J9	J1	J2	J3	J4	J5	J6

图 5-1 外源 IAA 和 6-BA 配施试验处理组合示意图（共 17 个组合）

5.1.4 根系形态测定

经一个生长季后，于 2019 年 12 月份从每个处理每个重复随机取 3 株（杨彪生等，2021），取样前测定苗高、地径，取样时将植株根系整体从盆中取出，避免损伤以保证其完整性，用剪刀将根系从根茎处剪下，将植株地上部分与地下根系分开（杨彪生等，2021），自来水冲去根系泥土并稍作晾干后，用直尺测量其主根长（0.01cm），然后将根系放在 Epson 扫描仪中进行扫描，获得根系扫描图像后用 WinRHIZO 分析软件获取根系形态指标，包括总根长（TRL，cm）、根表面积（RSA，cm^2）、根平均直径（RD，mm）和根总体积（RV，cm^3）。最后，将植株的地上部分及扫描后的所有根系放入烘箱，其中根系分主根、侧根（含侧根上的支根），105℃杀青 30min 后，于 80℃烘至质量恒定，称取各部位（主根、侧根、地上部分）干质量即为生物量，精确至 0.001g，获得主根生物量（MRB，g）、侧根生物量（LRB，g）、地上部分生物量（AB，g）。

5.1.5 数据分析

5.1.5.1 回归模型的建立与选择

将萌枝数量和生长量的数据录入 Excel 表，用 SPPS 软件对萌枝数量和萌枝生长量进行回归分析，得出不同组合回归模型，二次曲面方程为：

$$Y=a+bM+cN+dM^2+eN^2+fMN \tag{1}$$

式中，Y 为调查产量指标（例如，萌枝数量，萌枝生长量）；M 为吲哚 -3-乙酸（IAA）；N 为 6-苄氨基嘌呤（6-BA）；a 为待定常数；b、c、d、e、f 为待定系数；MN 为 IAA 与 6-BA 交互作用。

从这些回归模型中选出最优模型，用 SAS 软件生成反应曲面图。

5.1.5.2 外源 IAA 和 6-BA 最佳浓度及最高理论产量估计

根据公式（1）分别绘制云南松萌枝数量、萌枝生长量与外源 IAA 和 6-BA 浓度间反应曲面图，通过求导、计算得到外源 IAA 和 6-BA 最佳浓度以及对应指标（萌枝数量、萌枝生长量）的最高理论产量。计算步骤为：先利用最优模型分别对 M 和 N 求导，得到的两个偏导方程，如下的公式（2）与公式（3），并分别令其为 0，可得：

$$b+2dM+fN=0 \tag{2}$$

$$c+2eN+fM=0 \tag{3}$$

对公式（2）和公式（3）联立可得如下的公式（4）与公式（5）：

$$M_{max}=(2be-cf)/(f^2-4de) \tag{4}$$

$$N_{max}=(2cd-bf)/(f^2-4de) \tag{5}$$

由公式（4）和公式（5）共同确定外源 IAA 和 6-BA 最佳浓度，最后将 IAA 和 6-BA 最佳浓度代入公式（1）即可得到对应指标（萌枝数量、萌枝生长量）最高理论产量值。

5.1.5.3 外源 IAA 和 6-BA 喷施对根系形态生长的影响分析

通过根系扫描形态指标和生物量指标，计算根生物量（主根生物量＋侧根生物量，RB，g）、主根生物量 / 侧根生物量（MRB/LRB）、根冠比（根生物量 / 地上部分生物量，AB/RB）、比根长（总根长 / 根系生物量，SRL，$cm \cdot g^{-1}$）、比表面积（根面积 / 根系生物量，SRA，$cm^2 \cdot g^{-1}$）、根组织密度

（根系生物量 / 根体积，RTID，g • cm^{-3}）和根细度（总根长 / 根体积，RFN，cm • cm^{-3}）（王艺霖等，2017；吴文景等，2020；杨彪生等，2021）。采用 SPSS 17.0 进行 IAA、6-BA 及其交互作用对根系形态生长影响效应的双因素方差分析，利用 Duncan 多重比较不同处理之间的差异显著性进行检验（a=0.05）（王艺霖等，2017；孙明升等，2020），用 Pearson 线性相关系数进行相关性分析（孙明升等，2020），用平均值 ± 标准误差进行绘图（杨彪生等，2021）。异速生长关系以幂函数（$Y=\beta X^{\alpha}$）来描述，分析时转换为 $\lg Y=\lg\beta+\alpha\cdot\lg X$，其中：方程斜率 α 异速生长指数；β 是回归常数；x、y 为研究属性值即生物量（江洪和林鸿荣，1984；黄树荣等，2020；陈甲瑞和王小兰，2021）。采用标准化主轴回归分析（standardized major axis, SMA）计算方程的斜率 α，并比较斜率之间及其与 1.0 的差异性（李鑫等，2019；黄树荣等，2020；杨清平等，2021），SMA 分析采用 R 语言的 SMATR 模块完成（Warton et al，2006；Warton et al，2012）。利用 EXCEL 整理汇总数据。

5.2 结果与分析

5.2.1 云南松萌枝数量激素效应趋势

萌枝数量是植物萌枝能力最直观的体现，也是截干（平茬）促萌研究中最重要的评价指标之一。

为探求云南松的单株萌枝数量与喷施外源激素浓度之间关系，对其进行回归分析，可得到 17 个回归方程。根据回归方程的显著水平、相关系数、F 值及曲面的典型性等因素，从中选出 1 个最优的回归方程（表 5-3）。表 5-3 方程式中，Y 为萌枝数量，M 为生长素浓度，N 为细胞分裂素浓度，MN 为两种外源激素交互作用。由表 5-3 可知，萌枝数量与外源激素用二次回归模型拟合的方程达到极显著水平（$p<0.01$），说明萌枝数量与外源激素浓度之间存在极显著相关关系，可以用该方程预测萌枝数量指标的产量。

根据已求出的曲面方程，可得到不同的外源生长素、细胞分裂素浓度对应的萌枝数量产量理论值，将其绘制成产量反应曲面（图 5-2）。由图 5-2 可以看出，萌枝数量产量先随外源激素 IAA、6-BA 浓度的增大而上升，萌枝数量产量达到最大值（反应曲面的顶点）后，萌枝数量产量随外源激素浓度增加反而下降。由此可知，在一定浓度范围内，外源激素IAA、6-BA能够促进云南松萌枝发生。

表5-3 云南松截干促萌激素效应曲面方程

指标	激素效应曲面方程	R^2	F	p
萌枝数量	Y=19.81+0.01496M+0.08135N−0.00007981M^2 −0.0003771N^2+0.0001229MN	0.994	45.874	0.005

注：R^2为决定系数，F为F检验中的F值，P为显著性。

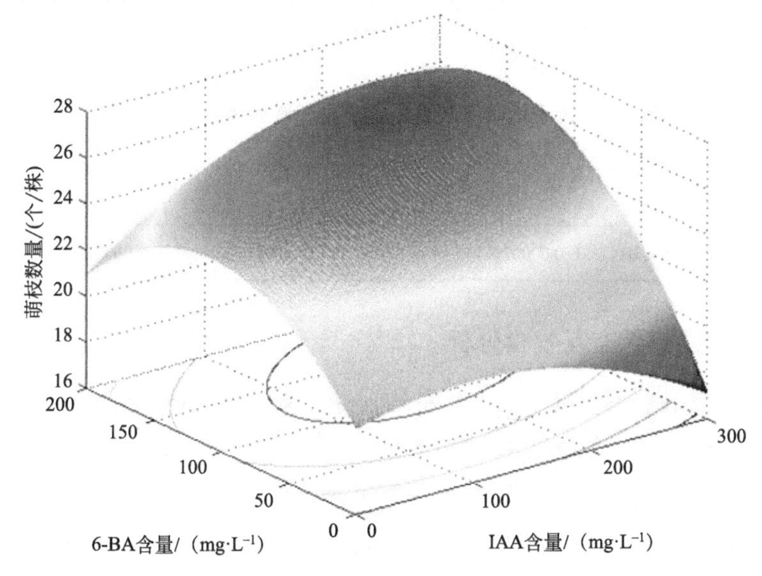

图5-2 萌枝数量产量反应曲面图

5.2.2 云南松萌枝数量激素效应分析

在前述已建立的二元回归模型的基础上，采用降维法对模型进行单因素分析和交互效应分析，其中外源激素浓度（M、N）为决策变量，产量（Y）为目标函数，建立两者之间的数学模型。

5.2.2.1 萌枝数量单因素效应分析

采用降维法分析方法，将二元方程转化为一元方程。当其中一个变量（外源激素浓度）为0，方程中只涉及一个变量，我们可获得2个萌枝数量的一元二次方程（表5-4）。从表5-4可知，萌枝数量指标的单因素效应方程均为抛物线方程，即随着外源激素用量的增加，云南松萌枝数量先增加后减小，呈现出单峰曲线。通过回归方程求导，我们可以求出单施外源激素 IAA（M）或 6-BA（N）时萌枝数量最佳施用浓度和对应萌枝数量产量。单施外源激素 IAA 时，施用浓度为 93.72mg • L^{-1}，萌枝数量最高产量为 20.51 个；单施外源激素 6-BA 时，施用浓度为 107.86mg • L^{-1}，萌枝数量最高产量为 24.20 个。由方程可知，对照（外源激素施用量为 0）的萌枝数量产量为 19.81，单施外源激素 IAA 萌枝数量最高产量比对照提高 3.5%，单施外源激素 6-BA 萌枝数量最高产量比对照提高 22.1%。由此表明，外源激素 IAA 或 6-BA 对云南松萌枝发生具有促进作用，且单施 6-BA 最高产量高于单施 IAA。

表 5-4　云南松截干萌枝数量最高产量单因素效应方程

指标	方程	最高产量 /（个 / 株）	方程	最高产量 /（个 / 株）
萌枝数量	$Y=19.81+0.01496M-0.00007981M^2$	20.51	$Y=19.81+0.08135N-0.0003771N^2$	24.20

5.2.2.2　萌枝数量交互效应分析

多种激素共同参与调节植物的生理活动，各激素间常表现为协同作用或拮抗作用，交互效应分析也可以采用降维法（杨海文等，2004）。回归方程通过降维法分析，先计算出云南松截干促萌外源激素 IAA、6-BA 配施的最佳施用量，根据回归方程求出云南松萌枝数量最高理论产量以及最佳 IAA、6-BA 配比等参数。由表 5-5 可知，外源激素 IAA、6-BA 交互作用下萌枝数量最高理论产量为 27.05 个，与对照萌枝数量（19.81 个）相比提高 36.5%。

表 5-5　萌枝数量最高理论产量分析

指标	最佳施用激素量		最佳 IAA、6-BA 配比	最高理论
	IAA/（mg • L^{-1}）	6-BA/（mg • L^{-1}）	IAA：6-BA	产量 /（个 / 株）
萌枝数量	202.13	140.80	1∶0.7	27.05

与对照相比，单施外源激素 IAA、6-BA 萌枝数量分别提高 3.5%、22.1%，IAA 和 6-BA 配施萌枝数量提高 36.5%。由此表明，外源激素配施效果优于单施 IAA 或 6-BA 的效果。外源激素 IAA、6-BA 最佳施用量正好落在试验设计的浓度范围内，从而保证试验的精度。

5.2.3 云南松萌枝生长量激素效应趋势

根据回归方程的显著水平、相关系数、F值及曲面的典型性等因素，从中选出一个最优方程（表5-6）。由表5-6可知，单个萌枝生长量与外源激素用二次回归模型拟合的方程达到显著水平（$p<0.05$），说明萌枝生长量与外源激素浓度之间存在显著相关关系，可以用该方程来预测萌枝生长量指标的产量。

表5-6 云南松截干促萌的激素效应曲面方程

指标	激素效应曲面方程	R^2	F	p
萌枝生长量	$Y=5.09+0.0117M-0.004N-0.00003704M^2-0.000003333N^2+0.00001333MN$	0.986	21.244	0.015

注：R^2为决定系数，F为F检验中的F值，P为显著性。

根据已求出曲面方程，可得到不同的外源生长素、细胞分裂素浓度对应的枝生长量产量理论值，将生长素、细胞分裂素浓度与萌枝生长量产量绘制成产量反应曲面（图5-3）。由图5-3可以看出，萌枝生长量产量先随外源激素IAA浓度的增大而增加，后随激素浓度增大而下降。在0～200mg·L^{-1}范围内，外源激素6-BA浓度与萌枝生长量呈负相关关系，即喷施6-BA浓度为0mg·L^{-1}时萌枝生长量最大。由此可知，在一定浓度范围内，外源激素IAA可以促进萌枝生长量增加，外源激素6-BA则抑制萌枝生长量增加。

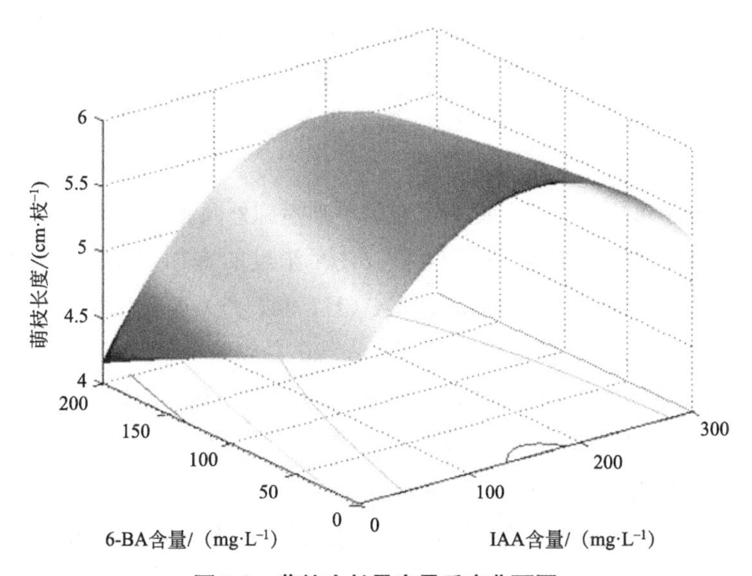

图5-3 萌枝生长量产量反应曲面图

通过降维法分析，我们获得 2 个萌枝生长量的一元二次方程（表 5-7）。

表 5-7 萌枝生长量最高产量单因素效应方程

指标	方程	最高产量 / cm	方程	最高产量 / cm
萌枝生长量	Y=5.09+0.0117M−0.00003704M^2	6.01	Y=5.09−0.004N−0.000003333N^2	5.09

从表 5-7 中可以看出，萌枝生长量产量指标的单因素效应方程为抛物线方程，即随着外源激素用量的增加，云南松萌枝生长量先增加后减小，呈现出单峰曲线。通过回归方程求导，我们可以求出单施外源激素 IAA 或 6-BA 时萌枝生长量最佳施用浓度和对应萌枝生长量产量。单施外源激素 IAA 时，施用浓度为 157.94mg・L^{-1}，萌枝生长量最高产量为 6.01cm；单施外源 6-BA 时，施用浓度为 0mg・L^{-1}，萌枝生长量最高产量为 5.09cm。对照（外源激素施用量为 0）萌枝生长量产量为 5.09cm，单施外源激素 IAA 萌枝生长量最高产量比对照提高 18.2%，单施外源激素 6-BA 没有提高萌枝数量最高理论产量。由此表明，外源激素 IAA 可以促进云南松萌枝生长，外源激素 6-BA 抑制萌枝生长。

5.2.4 云南松萌枝能力全因子试验模拟

根据试验曲面方程，可以对不同外源激素用量处理下云南松萌枝数量和萌枝生长量的估计值进行推演。即将外源激素 IAA、6-BA 两因素三水平进行两两组合，可得到 9 个处理的全因子试验，带入曲面方程，其产量的模拟结果见表 5-8。

从表 5-8 中可看出，从单施情况看，单独喷施外源激素 IAA（J1、J4、J7）、6-BA（J1、J2、J3）萌枝数量随 IAA、6-BA 浓度的增加，呈现出先增大后减小的变化趋势。单独喷施外源激素 IAA（J1、J4、J7）萌枝生长量随 IAA 浓度的增加，呈现出先增大后减小的变化趋势；单独喷施外源激素 6-BA（J1、J2、J3）萌枝生长量随 6-BA 的增加，呈现出减少趋势，这与之前的结果一致。由此表明，单独喷施 IAA 既可以提高萌枝数量，又可以促进萌枝生长；单独喷施 6-BA 可以提高萌枝数量，但抑制萌枝生长。从配施的情况看，以中浓度 IAA 和中浓度 6-BA（J5）的萌枝数量最高，萌枝生长量第二，效果较好。

从表 5-8 中还可看出，外源激素单独喷施（J1、J2、J3、J4、J7）萌枝数

表5-8 萌枝数量、萌枝生长量模拟试验结果

处理	IAA/（mg·L^{-1}）	6-BA/（mg·L^{-1}）	萌枝数量 /（个·株$^{-1}$）	萌枝生长量 /cm
J1	IAA（0）	6-BA（0）	19.81	5.09
J2	IAA（0）	6-BA（100）	24.17	4.66
J3	IAA（0）	6-BA（200）	20.10	4.16
J4	IAA（150）	6-BA（0）	20.26	6.02
J5	IAA（150）	6-BA（100）	26.47	5.78
J6	IAA（150）	6-BA（200）	25.13	5.48
J7	IAA（300）	6-BA（0）	17.12	5.26
J8	IAA（300）	6-BA（100）	25.17	5.23
J9	IAA（300）	6-BA（200）	25.68	5.13

量均小于外源激素配施（J5、J6、J8、J9）产量；外源激素单独喷施（J1、J2、J3）萌枝生长量均小于外源激素配施（J5、J6、J8、J9）产量。除萌枝生长量（J4、J7）外，其他处理均表现出激素配施促进效果好于单施。由此表明，外源激素 IAA 和 6-BA 间存在明显的交互效应。

5.2.5 外源 IAA 和 6-BA 对云南松苗木根系形态的影响

5.2.5.1 外源 IAA 和 6-BA 对云南松苗木根系生长的变异来源分析

由表 5-9 可以看出，IAA 和 6-BA 这两个因素相互作用对云南松苗木的根表面积影响达极显著水平（$p<0.01$），对总根长、根总体积、侧根生物量和根生物量的影响达显著水平（$p<0.05$），而对其余指标均无显著相互作用（$p>0.05$）。从 IAA 喷施单个因素来看，对测定指标均无显著影响。从 6-BA 喷施单个因素来看，除根表面积外，6-BA 对云南松苗木其余指标的影响均未达到显著水平。

5.2.5.2 外源 IAA 和 6-BA 对云南松苗木根系形态生长的影响

由图 5-4 可知，不同质量浓度的 IAA 和 6-BA 对云南松苗木主根长、平均直径和根细度的影响不显著（$p>0.05$）。总根长、表面积、总体积、比根长、比表面积在低质量浓度 IAA 和高质量浓度 IAA 情况下均随 6-BA 的质量浓度增加呈现先上升后下降的趋势，而在中质量浓度 IAA 浓度下随 6-BA 的质量浓

表5-9　外源IAA和6-BA对云南松苗木各测定指标影响的双因素方差分析

指标	IAA		6-BA		IAA×6-BA	
	F	*P*	*F*	*P*	*F*	*P*
主根长（Major root length，MRL）	0.560	0.574	1.622	0.205	1.516	0.207
总根长（Total root length，TRL）	2.997	0.075	3.272	0.061	4.473	0.011
平均直径（Average diameter，AD）	2.926	0.079	0.923	0.416	0.141	0.965
表面积（Surface area，SA）	1.539	0.242	4.235	0.031	4.753	0.009
总体积（Total root volume，TRV）	0.424	0.661	3.380	0.057	3.030	0.045
比根长（Specific root length，SRL）	2.478	0.112	0.123	0.885	1.155	0.363
比表面积（Specific root surface area，SRA）	2.409	0.118	0.565	0.578	1.959	0.144
根组织密度（Root tissue density，RTID）	1.335	0.288	0.642	0.538	1.725	0.188
根细度（Root fineness，RFN）	1.463	0.258	0.269	0.767	0.289	0.881
主根生物量（Major root biomass，MRB）	0.334	0.717	0.115	0.892	1.755	0.147
侧根生物量（Lateral root biomass，LRB）	0.224	0.800	0.694	0.503	3.444	0.012
根生物量（Root biomass，RB）	0.393	0.676	0.608	0.547	3.214	0.017
主根 / 侧根（Major root biomass/lateral root biomass，MRB/LRB）	0.062	0.940	1.116	0.333	2.365	0.061
根冠比（Root biomass/aboveground biomass Root to shoot ratio，RB/AB）	0.035	0.965	0.377	0.687	1.634	0.175

注：表中$p<0.05$为差异显著，$p<0.01$为差异极显著。

度增加呈现先下降后上升的趋势，以J5最低，而J8和J2较高。根组织密度呈现相反的趋势，即在低质量浓度IAA和高质量浓度IAA情况下随6-BA的质量浓度增加呈现先下降后上升的趋势，而在中质量浓度IAA下随6-BA的质量浓度增加呈现先上升后下降的趋势，以J5最高，而J8和J2较低。总的来看，不同质量浓度IAA和6-BA的施用对云南松苗木根系形态有一定的影响，但不同处理间的响应存在差异。

5.2.5.3　外源IAA和6–BA对云南松苗木根系生物量的影响

由图5-5可知，不同质量浓度IAA和6-BA对云南松苗木主根生物量和根冠比的影响不显著（$p>0.05$）。侧根生物量和根生物量均表现为低质量浓度IAA下随6-BA的质量浓度增加呈现逐渐下降的趋势，在中质量浓度IAA下随

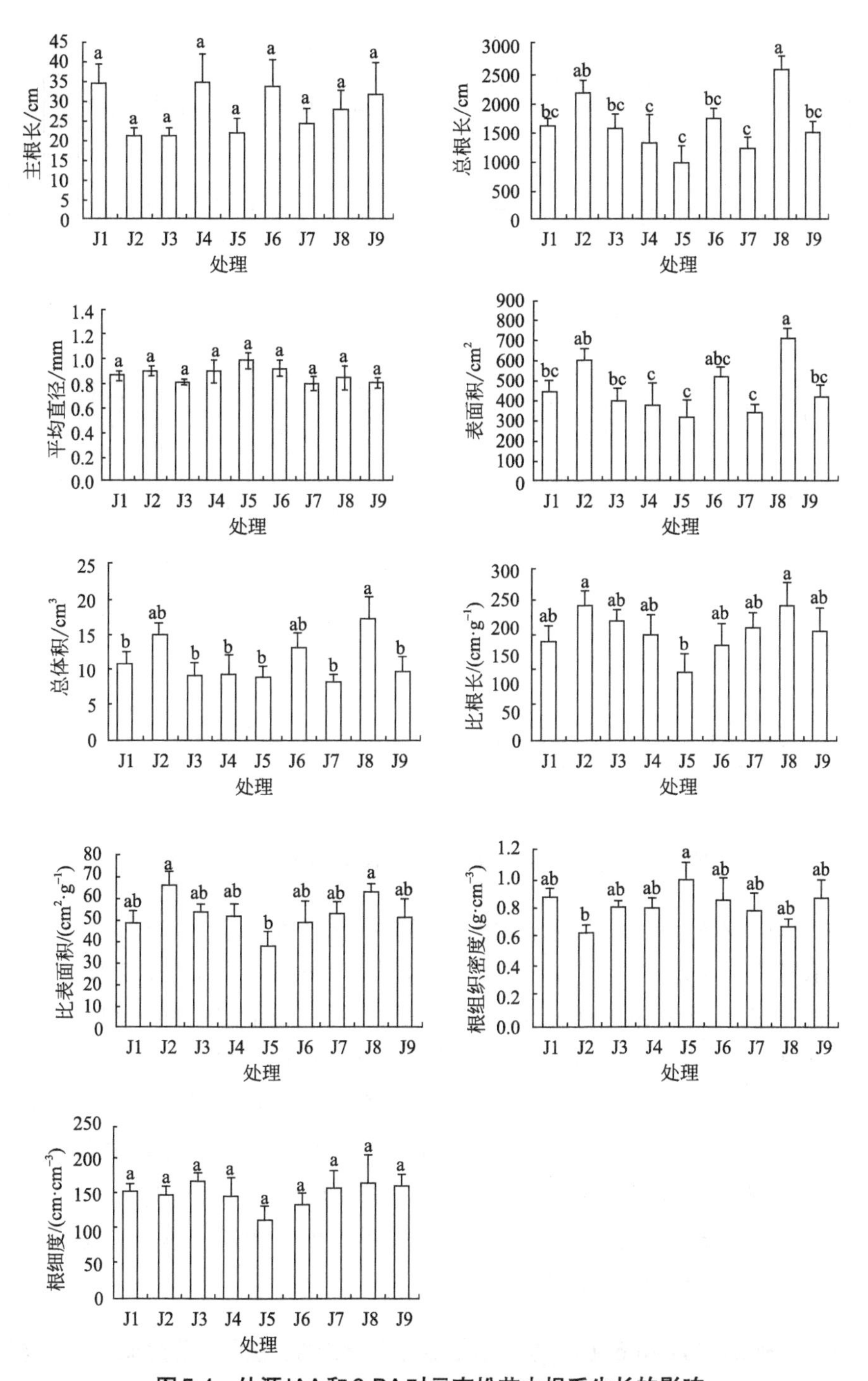

图5-4 外源IAA和6-BA对云南松苗木根系生长的影响

注：不同小写字母表示各处理之间的差异性（p<0.05）。下同

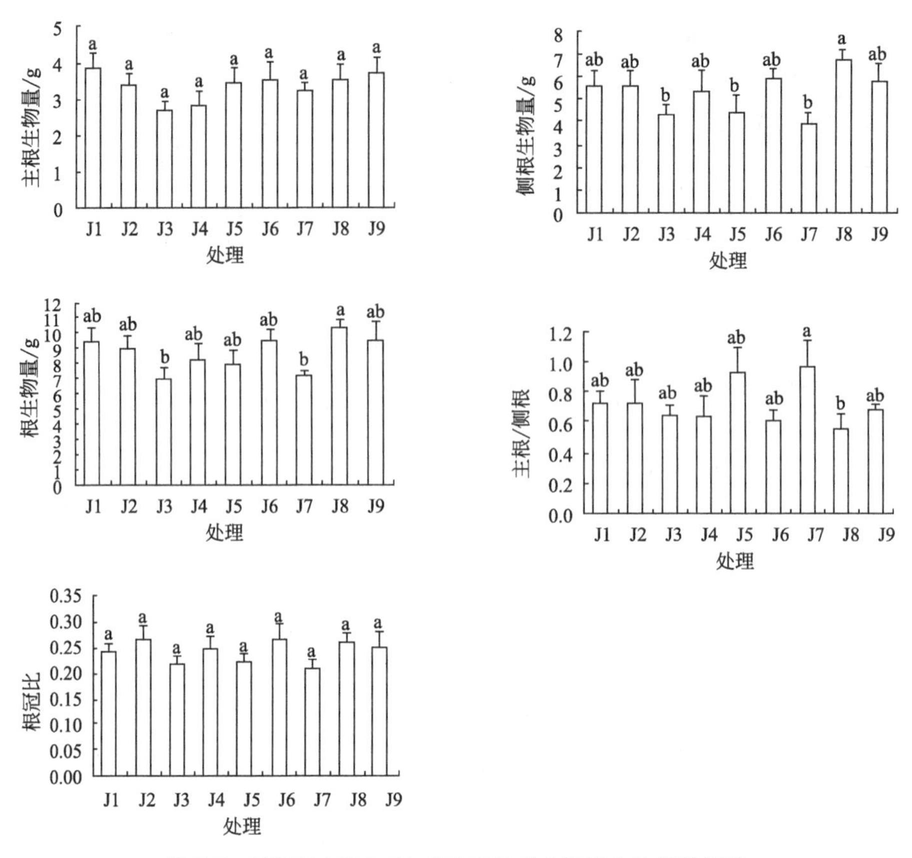

图5-5　外源IAA和6-BA对云南松苗木根系生物量的影响

6-BA 的质量浓度呈现先下降后上升的趋势，在高质量浓度 IAA 下随 6-BA 的质量浓度增加呈现先上升后下降的趋势，以 J8 最高，而 J3 和 J7 较低，其中 J8 与 J3 间有显著差异（$p<0.05$）。总的来看，不同质量浓度 IAA 和 6-BA 的施用对云南松苗木根系生物量的影响不明显。从结果还可知，主根生物量均低于侧根生物量，但主根生物量与侧根生物量在各处理间存在不同的变化趋势，其中主根生物量在不同处理间差异不显著，而侧根生物量表现为 J8 显著高于 J3、J5 和 J7。侧根生物量的差异导致根生物量在不同处理间差异显著。根冠比可以看出，地上部分生物量远远大于根生物量，根生物量占单株生物量 1/4 左右，且不同处理间的根冠比差异不显著。

5.2.5.4　外源 IAA 和 6–BA 对云南松苗木根系生物量间异速生长关系的影响

由表 5-10 可知，云南松苗木主根生物量与侧根生物量间呈等速生长关系，

表5-10 云南松苗木根系生物量间的异速生长关系

Y-X	处理	R^2	P	斜率	斜率置信区间		截距	$P_{-1.0}$	类型
					下限	上限			
MRB-LRB	J1	0.370	0.082	0.968	0.500	1.873	−0.090	0.916	I
	J2	0.000	0.961	−0.599	−1.339	−0.268	−0.133	0.200	I
	J3	0.456	0.046	1.176	0.633	2.183	−0.154	0.578	I
	J4	0.015	0.750	0.849	0.382	1.888	−0.202	0.675	I
	J5	0.142	0.318	0.637	0.300	1.354	−0.027	0.225	I
	J6	0.205	0.221	1.640	0.790	3.403	−0.171	0.170	I
	J7	0.556	0.021	−0.610	−1.074	−0.347	−0.015	0.081	I
	J8	0.015	0.750	−1.645	−3.657	−0.740	−0.218	0.209	I
	J9	0.761	0.002	0.869	0.569	1.328	−0.110	0.471	I
	共同斜率		0.258	0.904					
RB-AB	J1	0.520	0.028	1.709 a	0.952	3.069	−1.750	0.069	I
	J2	0.030	0.655	0.937 abc	0.424	2.074	−0.506	0.867	I
	J3	0.601	0.014	1.345 ab	0.785	2.304	−1.187	0.248	I
	J4	0.168	0.273	2.037 a	0.968	4.288	−2.188	0.060	I
	J5	0.552	0.022	1.574 ab	0.893	2.777	−1.550	0.106	I
	J6	0.286	0.138	0.672 bc	0.334	1.349	−0.085	0.241	I
	J7	0.373	0.081	0.485 c	0.251	0.937	0.109	0.034	A
	J8	0.597	0.015	0.615 c	0.358	1.056	0.024	0.073	I
	J9	0.015	0.755	2.709 a	1.218	6.024	−3.328	0.017	A
RB-TB	J1	0.715	0.004	1.604 a	1.012	2.543	−1.733	0.046	A
	J2	0.130	0.341	1.092 abc	0.511	2.332	−0.854	0.810	I
	J3	0.748	0.003	1.319 ab	0.854	2.037	−1.260	0.183	I
	J4	0.454	0.047	1.988 a	1.069	3.695	−2.305	0.033	A
	J5	0.724	0.004	1.511 a	0.960	2.378	−1.583	0.070	I
	J6	0.419	0.059	0.766 bc	0.405	1.449	−0.310	0.380	I
	J7	0.450	0.048	0.545 c	0.293	1.015	−0.029	0.055	I
	J8	0.673	0.007	0.682 c	0.417	1.114	−0.150	0.112	I
	J9	0.387	0.074	2.736 a	1.425	5.253	−3.634	0.005	A

注：MRB-LRB：主根生物量 - 侧根生物量；RB-AB：根生物量 - 地上生物量；RB-TB：根生物量 - 单株生物量。$P_{-1.0}$表示斜率与理论值 1.0 的差异显著性，A 表示异速生长关系，I 表示等速生长关系，R^2 为决定系数。

各处理异速生长指数并无显著差异，且存在共同斜率（0.904），沿共同斜率出现核对的负向移动。根生物量与地上生物量间、根生物量与单株生物量间呈现异速生长关系，其中J7和J9的根生物量与地上生物量间均为异速生长关系，J1、J4和J9的根生物量与单株生物量间均呈异速生长关系。从根生物量与地上生物量间、根生物量与单株生物量间核对来看，J1、J3、J4、J5和J9的均显著高于J7和J8。

5.2.5.5 外源IAA和6–BA对云南松苗木根系指标间相关性的影响

施用IAA和6-BA后云南松苗木根系生长指标相关性分析表明（表5-11），主根长、总根长、平均直径、表面积和总体积根系形态指标中，除根长（主根长与总根长）与平均直径间呈负相关关系外，其他两两指标间均呈正相关关系，其中总根长与表面积和总体积间的相关性达极显著水平（$p<0.01$），即表面积和总体积随总根长的增加而增加。

从表5-11也可以看出，比根长、比表面积、根组织密度和根细度各两两间的相关性分析表明，除根组织密度和根细度间的相关性不显著外（$p>0.05$），其余两两间的相关性均达极显著水平（$p<0.01$），表现为比根长与比表面积间、比根长和比表面积与根细度间为极显著正相关，而比根长和比表面积与根组织密度间为极显著负相关，即比根长和比表面积增加的同时，根细度随之增加，而根组织密度降低，反之亦然。

根生物量与根系形态指标间（主根长、总根长、平均直径、表面积和总体积）也存在正相关关系，其中根生物量与总根长、平均直径、表面积和总体积4个指标间为极显著正相关关系（$p<0.01$），即总根长增加，根系的表面积、总体积、比根长、比表面积等也随之增加，进而根生物量和根冠比也增加，反之亦然。相关性结果也表明，根系粗度增加（平均直径）与根生物量间也呈极显著正相关关系（$p<0.01$）。

表5-11　云南松苗木根系生长各指标间相关系数

指标	MRL	TRL	AD	SA	TRV	SRL	SRA	RTID	RFN	MRB	LRB	RB	MRB/LRB	RB/AB
MRL	1													
TRL	0.492**	1												
AD	−0.225	−0.213	1											
SA	0.405*	0.936**	0.105	1										
TRV	0.257	0.772**	0.392*	0.944**	1									
SRL	0.288	0.598**	−0.752**	0.355	0.093	1								
SRA	0.238	0.650**	−0.525**	0.510**	0.325	0.937**	1							
RTID	−0.070	−0.518**	0.176	−0.514**	−0.468*	−0.670**	−0.863**	1						
RFN	0.298	0.331	−0.931**	0.003	−0.314	0.789**	0.540**	−0.125	1					
MRB	0.092	−0.047	0.568**	0.112	0.255	−0.692**	−0.687**	0.578**	−0.524**	1				
LRB	0.054	0.724**	0.354	0.863**	0.877**	−0.056	0.084	−0.125	−0.226	0.285*	1			
RB	0.084	0.512**	0.524**	0.688**	0.764**	−0.361	−0.255	0.174	−0.409*	0.675**	0.900**	1		
MRB/LRB	−0.017	−0.686**	0.139	−0.668**	−0.543**	−0.460*	−0.536**	0.436*	−0.264	0.459**	−0.627**	−0.274*	1	
RB/AB	0.112	0.529**	0.373	0.620**	0.646**	−0.095	−0.017	0.019	−0.211	0.290**	0.636**	0.622**	−0.330**	1

注：MRL：主根长；TRL：总根长；AD：平均直径；SA：表面积；TRV：总体积；SRL：比根长；SRA：比表面积；RTID：根组织密度；RFN：根细度；MRB：主根生物量；LRB：侧根生物量；RB：根生物量；MRB/LRB：主根生物量/侧根生物量；RB/AB：根冠比。* 表示相关性显著（$p<0.05$），** 表示相关性极显著（$p<0.01$）。

5.3 讨论

在生产上，常以人工与化学试剂相结合使用促萌的效果最佳（孙淑敏，2016）。本研究中，云南松截干后单独喷施外源激素 IAA 时，其萌枝数量和萌枝生长量均随 IAA 用量的增加，呈现出先增大后减小的变化趋势；单独喷施外源激素 6-BA 时，云南松萌枝数量随 6-BA 用量的增加呈现出先增大后减小的变化趋势，萌枝生长量随 6-BA 用量的增加呈现逐渐减小趋势。除 6-BA 抑制萌枝生长量外，云南松外源激素处理效果表现出低促高抑规律。水曲柳促萌研究表明，不同药剂诱导一年生超级苗去顶芽苗侧芽萌发时，5mg • L^{-1} 的 KT（激动素）和 TA（三十烷醇）的促萌效果较好，浓度超 5mg • L^{-1} 后，侧芽萌发的数量随浓度增大降低，100mg • L^{-1} 的 KT 完全抑制侧芽的萌发（赵霞，2005）。喷施 6-BA 显著增加樟树矮林萌条数量、株高、基径和单株叶面积，随着喷施浓度的增加萌条生长呈现先增加后降低的趋势（赵姣等，2019）。采用 10mg • L^{-1} 和 20mg • L^{-1} 2,4-D（2,4- 二氯苯氧乙酸）对截干柚木进行促萌研究，20mg • L^{-1} 2,4-D 的萌芽数则少于对照处理，高浓度的 2,4-D 对柚木无性系萌芽有抑制作用（梁坤南，2007）。对 5 年生青海云杉去顶芽的苗研究表明，300mg • kg^{-1} 的 6-BA 处理促萌效果优于 100mg • kg^{-1}、500mg • kg^{-1}（陈广辉等，2007）。这些研究证实，去顶后喷施外源激素促萌效果同样表现出低促高抑规律。

杉木（李勇，2019；潘洁琳，2018）、马尾松（朱亚艳等，2018）截干后外源激素 IAA 喷施研究表明，IAA 能提高截干后萌枝的数量。喷施外源激素 6-BA 能显著提高樟树、擎天树、白桦、马尾松等去顶母株萌枝数量（朱亚艳等，2018；赵姣等，2019；张玉琦等，2021）。马尾松研究表明，穗条长度随 6-BA 浓度增加呈下降趋势，随 IAA 浓度增加呈上升趋势（朱亚艳等，2018）。本研究中，喷施外源激素 IAA、6-BA 能提高云南松截干后萌枝的数量，喷施外源激素 IAA 能促进云南松萌枝生长，6-BA 则抑制萌枝生长。这说明，外源激素 IAA 对云南松萌枝的发生、生长具有促进作用，6-BA 对云南松萌枝的发生具有促进作用，但抑制萌枝的生长。6-BA 配施处理的杭白菊株高比对照明显降低（王杰等，2020），6-BA 抑制杭白菊株高生长。关于 6-BA 抑制萌枝生长，有可能是苗木本身细胞分裂素浓度已足够满足其生长要求，或者由于试验环境条件、喷施时间、剂量不同产生不一样效果，具体原因还有待于进一步研究。云南松截干后萌枝数量、生长量与内源激素回归分析表明，ZT 和 IAA 与萌枝数量、萌枝生长量都呈正相关趋势，说明内源激素 ZT 和 IAA 可以促进萌枝发生和生长。由此表明，外源激素喷施结果与内源激素调节萌枝发生、生长的结果基本一致。

外源激素 IAA 和 6-BA 促萌效果存在差异，激素间表现出明显的交互作用。从促进萌枝的发生效果来看，单施外源激素 6-BA 效果（萌枝数量最大值为 24.20 个）大于 IAA 单施效果（萌枝数量最大值为 20.51 个）。杉木研究表明，6-BA 对杉木伐桩萌条数影响最大，其次是 GA_3、IBA 和 NAA（田晓萍，2008），与本试验结果类似。从促进萌枝生长来看，单施 IAA 效果（萌枝生长量最大值为 6.01cm）大于单施 6-BA 效果（萌枝生长量最大值为 5.09cm）。马尾松研究表明，外源激素 6-BA 处理后萌生的穗条长度均高于 IAA 处理（朱亚艳等，2018），与本研究结果不同，这可能是树种生物学之间差异。外源激素全因子试验模拟数据表明，除萌枝生长量（J4、J7）外，其他处理均表现出激素配施促进效果好于单施，以中浓度 IAA 和中浓度 6-BA（J5）的萌枝数量产量最高，萌枝生长量产量第二，效果较好。赤霉素和细胞分裂素混合处理可以更加高效地促进侧芽生长，大于 GA_3 和 BA 单独处理（倪军，2015），生长素与细胞分裂素配合喷施更有利于中国沙棘的生长量和生物量，比单施的效果更好（李甜江，2008）。因此，激素间有明显的交互作用，激素配施促进效果好于单施。

根系是植株吸收养分与水分的重要器官，其生长状况直接决定着植株吸收养分和水分的能力（杨彪生等，2021），其中根长、表面积、总体积、直径以及结合生物量的综合评价如比根长、比表面积、根组织密度和根细度是衡量根生长的重要指标（冯文静等，2021；杨彪生等，2021）。本研究表明，在云南松苗木截干后，不同处理间主根长、平均直径、根细度、主根生物量和根冠比无显著差异，而表面积、总体积、比根长、比表面积等根系形态表现出一定的差异，这可能是云南松苗木通过根系形态代表根系生物量或根冠比来响应 IAA 与 6-BA 的喷施，即根系形态的调整更敏感，这在云南松不同种源干旱胁迫研究中也有提到（高成杰等，2020）。比根长和比表面积分别作为单位质量根系的长度和面积，可以表征根系生理与形态功能的重要指标（王鹏等，2012），其增加可提高单位面积土壤中的根系生物量（荣俊冬等，2020），是根系强化策略的一个形态指标并得到广泛应用（Ostonen et al，2007），如高成杰等（2020）用于分析干旱胁迫下云南松苗木的根系形态，揭示在干旱胁迫条件下不同种源云南松幼苗根长、比根长、根表面积和比根面积在干旱胁迫下增加明显；荣俊冬等（2020）用于分析施氮条件下的根系响应，表明氮素能促进根长、根表面积、根体积和根直径的增加。本研究中，J5 的根系形态特征包括总根长、根表面积、总体积、比根长和比表面积显著低于 J2 和 J8，即对于截干后的云南松苗木，在中质量浓度的 IAA 下，不施用 6-BA 或施用高质量浓度的 6-BA 更有利于根系的生长。根细度是总根长与根体积的比值，其值变化可反映根的粗细（王艺霖等，2017；李宝财等，2021）。从本研究来看，不同处理间的根细度无显著差异，同平均直径的变化趋势一致，表明施用植物生长调节剂没有改变根系的粗度，但根系的总长度发生变化，进而表面积、总体积以及相关的比根长、比表面积、根组织密度等也发生改变。由此表明，根系生长对植物生长调节剂喷施的响应主要表现在根系的伸长生长。

根冠比是植株对土壤水分利用情况的生长状态指标之一（杨彪生等，2021）。由研究结果可以看出，不同处理间根冠比无显著差异，这可能是云南松苗木维持正常生长的资源分配策略，这样的根冠比在云南松其他研究中也有报道，李亚麒等（2019 & 2020）揭示不同生长等级间 2 年生云南松苗木的根冠比间差异不显著，不受分级标准或分级数量所影响；汪梦婷等（2019a）研究表明不同家系间的 2 年生云南松苗木根冠比也无显著差异。另一方面，本研究中的根冠比约为 0.25，对比前期研究（李亚麒等，2019；汪梦婷等，2019a；汪梦婷等，2019b；李亚麒等，2020；汪梦婷等，2020；李亚麒等，2021），本研究中根冠比增加，根系生长优势比较明显，这种分配可能是植株受胁迫情况下的一种响应策略，以利于根系获得更多的养分与水分，实现根冠补偿能力（杨彪生等，2021）。生物量最优分配理论认为，植物在某一资源成为限制性资源时，会优先将代谢产物分配给可以获得限制性资源的器官，如养分或水分受限时则优先分配到根（何怀江等，2016；李亚麒等，2021）。因此，云南松苗木截干后，根系的生长受限，将根系的投资增加，以增强植株对资源的竞争能力。与此同时，截干后破除了云南松苗木的顶端优势，同时也减少了光合器官数量，短时间内可能导致光合碳同化能力受抑（杨清平等，2021），进而影响地上部分的生长。云南松苗木地上部分截干引起的损失在短时间内可能没有恢复，地上部分生物量降低，从而根冠比上升，而恢复时间的长短需要进一步跟踪测定。但相比其他树种（高誉衡等，2021；王续富等，2021），云南松苗木的根冠比低，生物量异速分配理论认为植物个体较小时，植株倾向于叶分配

（Niklas & Enquist，2002；Poorter et al，2012），从这个角度来看，两年生苗木可能个体相对较小，因此将更多的资源分配给叶，以制造更多的有机物质来满足自身生长的需要（李亚麒等，2021），有限的证据显示地下生物量比例较低的树种地下组分生长对去叶更加敏感（李俊楠等，2014）。由此推测，云南松低的根冠比可能是对植株截干响应的原因之一，在其他研究中也表明去顶对地下构件生物量分配产生明显的影响（杨清平等，2021），即植株可通过调节自身地上和地下生物量来适应环境变化（杨彪生等，2021）。

根系生物量分配策略是植物对环境响应的重要表现形式（杨彪生等，2021），本研究中主根生物量均低于侧根生物量，且主根生物量在不同处理间差异不显著，而侧根生物量在不同处理间差异显著，根生物量在不同处理间也表现为显著差异。这可能是由于主根与侧根的功能不同，主根作为高级根，主要行使储存与运输功能（徐军亮等，2021），而侧根与土壤环境接触较为紧密，会因植株的生长需求及环境条件的改变发生可塑性变化（王艺霖等，2017；邹松言等，2019；祝乐等，2020；冯文静等，2021）。不同处理主根长度没有显著差异，可能是由于云南松属于深根性植物（江洪和林鸿荣，1984），主根的生长需要达到一定程度后才能满足自身需要，而当达到相当的深度后便不再继续生长，而更多的资源分配到侧根或其他部分，表现为主根生物量、主根长度没有差异而侧根生物量、根生物量和总根长在不同处理间有差异。这样的差别也影响到根表面积和总体积，但平均直径不受影响，表现为不同处理间差异不明显。

各根系生长指标间存在着较强的相关性，但各指标间的相关性并非完全一致，云南松苗木主根发达，主根生长后引起总根长、根表面积、根体积等的增加，彼此协同促进，根系形态改善促进干物质积累（冯文静等，2021），即云南松苗木根系生物量（包括主根生物量、侧根生物量和根生物量）和根冠比也相应提高，但主根生物量的增长速度低于侧根生物量。同样地，根生物量的增长速度也低于根体积的增长速度，导致根组织密度与大多数根系指标间呈负相关关系。根长（包括主根长和总根长）与平均直径间呈现负相关关系，表明资源有限的情况下，根系的伸长生长与加粗生长间是相拮抗的（李金航等，2020；陈旋等，2021）。本研究中，主根长的变化不明显，根系的伸长生长主要表现在侧根上，侧根长度增加可促进表面积、总体积、比根长、比表面积的增加，进而根生物量和根冠比也增加，表现为促进作用。总根长与进一步比较各根系生物量间的生长关系以判断异速生长轨迹是否发生改变（李鑫等，

2019)，研究表明，各处理间侧根生物量与主根生物量间的关系均表现为等速生长关系，而根生物量与地上生物量、根生物量与单株生物量间的异速生长关系在各处理间表现不一致，其中 J9 表现为异速生长关系，表明高浓度的 IAA 和 6-BA 对促进根系干物质积累的相对速度较大，但不同处理间生长关系表现不一，推测 IAA 和 6-BA 根系可塑性的影响较为复杂，这种异速生长关系的不一致在云南松的研究也有报道（江洪和林鸿荣，1984；李鑫等，2019；李亚麒等，2021）。本研究仅分析了云南松苗木截干后施用 IAA 和 6-BA 对根系形态及其生物量的影响，而不同根序、细根的响应规律可能存在差异（邹松言等，2019；祝乐等，2020），且仅测定了根系形态指标，而形态指标的调控较为复杂（Zhang et al，2019；Ouyang et al，2021；Weemstra et al，2021），且研究结果是针对 IAA 与 6-BA 特定质量浓度喷施下的获得的，今后可继续开展相关研究，以进一步揭示根系形态的可塑性及其调控特征。

5.4 小结

外源激素喷施试验表明，云南松截干后的萌枝数量和萌枝生长量对外源激素的响应均符合二元二次回归方程及产量反应曲面。萌枝数量随着外源激素 IAA 和 6-BA 用量的增加呈先增加后减小的变化规律；萌枝生长量随着外源激素 IAA 用量的增加呈先增加后减小的变化规律、随 6-BA 用量增加呈现逐渐下降的趋势。在一定浓度范围内，外源激素 IAA、6-BA 可以促进云南松截干萌枝，IAA 能促进云南松萌枝生长，6-BA 则抑制萌枝生长。从促进萌枝的发生效果来看，激素间存在明显的交互作用，激素配施促进效果好于单施。

第6章

本研究结论与问题探讨

6.1 本研究结论

在国家自然科学基金项目资助下，本研究以云南松幼苗为试验材料，以截干处理为手段，分析萌枝能力、生物量与营养元素分配对截干高度的响应规律，并对截干干扰下的云南松进行内源激素测定和转录组测序，分析激素含量、比值以及基因表达的变化对截干的响应规律，从生理、生态、激素及基因表达层面揭示截干促萌的调控机制。主要结论如下：

（1）截干高度影响萌枝能力和萌枝格局

对照没有萌枝发生，截干高度5cm、10cm和15cm的单株萌枝数量分别为12.82个、19.72个和22.71个，说明截干可以提高云南松萌枝能力。截干后萌枝数量、萌枝生长量随时间变化呈现“慢-快-慢”的节律，萌枝集中发生在4～5月份，萌枝生长主要在5月份和6月份。随着截干高度的增加，萌枝数量呈上升趋势，但截干高度10cm和15cm间无显著差异；萌枝存活率呈下降趋势，且不同截干高度间存在显著差异；截干母株保存率、萌枝生长量在不同高度间无显著差异。截干改变云南松生物量和营养元素的分配格局，降低地上部分分配来增加地下根系的分配。截干高度10cm的根和萌枝生物量投资与分配适中，萌枝生物量积累较多，根系生物量也较多，较大的根系可以增强水分和养分供应能力，有利于萌枝发生和存活，生物量分配在萌枝发生与存活之间做出较好的权衡。云南松截干高度10cm的根系的氮含量、储量和分配比例显著高于其他处理，降低根系N受限程度，有利于生理机能恢复和萌枝发生、存活。由此表明，云南松通过生物量、营养元素投资与分配格局调节对截干做出响应，进而影响萌枝发生和存活。截干高度10cm萌枝数量多且存活率较高，生物量、营养元素投资与分配格局不仅有利于萌枝发生和存活，而且生理机能快速恢复，为萌枝发生和存活奠定更好的生理、生态基础。综合考虑现有萌枝格局、生物量和营养元素分配格局对未来萌枝生长的影响，截干高度10cm更有利于萌枝的发生和存活，也有利于生理机能的快速恢复，云南松截干促萌的适合高度为10.0cm，繁殖系数增加7倍左右，为云南松无性利用奠定坚实的基础。

（2）云南松截干后，内源激素的含量和比值发生明显改变

截干显著提高整个萌枝过程中GA_3、（ZT+GA_3）和（IAA+ZT+GA_3）的含量和GA_3/ABA、（IAA+ZT+GA_3）/ABA、（ZT+GA_3）/ABA比值，截干初期（4月份）还显著提高IAA、ABA含量和IAA/ABA比值，并显著降低ZT/IAA比值，其他激素含量和比值变化不显著。截干也改变激素含量和比值的时间变化趋势，除ZT含量和ZT/IAA比值外，其他激素含量和比值时间变化趋势都发生了改变。由此表明，截干显著提高GA_3含量，进而改变了GA_3/ABA、（IAA+ZT+GA_3）/ABA、（ZT+GA_3）/ABA比值，云南松通过内源激素的含量和比值的改变响应截干干扰，从而影响伐桩萌枝能力。

（3）激素含量、比值与伐桩萌枝能力密切相关

萌枝数量与ZT、IAA、ABA含量呈正相关趋势，与GA_3、（ZT+GA_3）、（IAA+ZT+GA_3）含量呈极显著正相关；与ZT/ABA、IAA/ABA比值均呈正相关趋势，与GA_3/ABA、ZT/IAA、（ZT+GA_3）/ABA和（IAA+ZT+GA_3）/ABA呈极显著或显著正相关关系。萌枝生长量与ZT、IAA、（ZT+GA_3）、（AA+ZT+GA_3）含量呈正相关趋势，与GA_3含量呈极显著正相关，与ABA含量呈负相关趋势；与ZT/ABA、IAA/ABA、ZT/IAA比值均呈正相关趋势，与GA_3/ABA、（ZT+GA_3）/ABA和（IAA+ZT+GA_3）/ABA呈极显著正相关关系。因此，截干通过引起激素含量、比值（交互作用）的改变，促进伐桩萌枝的发生和生长，而GA_3和GA_3/ABA、（IAA+ZT+GA_3）/ABA、（ZT+GA_3）/ABA动态平衡对云南松截干萌枝的发生、生长具有更为重要的调节作用。

（4）激素合成和信号转导基因差异表达影响伐桩萌枝能力

GO和KEGG富集分析表明，激素水平调控、激素响应、激素转导等GO

条目显著富集，激素信号转导通路、赤霉素合成通路显著富集或排名靠前。这说明激素信号转导通路和赤霉素合成代谢通路在截干促萌过程中起重要的调节作用。截干改变 IAA、ZT、GA_3 和 ABA 合成代谢基因表达水平，其中生长素和细胞分裂素合成代谢调控关键基因表达水平既有上调也有下调（总体差异不大）；赤霉素合成关键基因 $GA20_{OX}$ 的表达水平维持相对稳定，赤霉素降解关键基因 $GA2_{OX}$ 表达量明显下降；ABA 合成基因表达以上调为主（4 月份表达水平明显上升），其降解调控基因表达水平略有下降。激素含量与基因表达变化趋势基本一致。截干提高 IAA 信号转导中 *SAUR* 基因表达水平以及 GA 信号转导通路中 GA 受体基因 *GID1*、正向调控因子 *GID2* 基因表达水平。GA 受体基因 *GID1*、正向调控因子 *GID2* 表达量上升，可以提高植物对 GA 的敏感度，促进下游基因的表达。GA_3 与下游 1,3-β-葡聚糖酶表达呈正相关关系，且 1,3-β-葡聚糖酶表达水平与萌枝数量、萌枝生长也呈正相关关系。由此表明，截干诱导赤霉素降解基因表达量降低，从而提高 GA_3 含量以及 GA 信号转导基因表达水平，进而促进下游 1,3-β-葡聚糖酶表达，驱动腋芽萌发和生长，提高伐桩萌枝能力。IAA 信号转导 *SAUR* 基因表达水平呈上升趋势，可能也参与云南松截干促萌过程调控。

（5）外源激素可以提高云南松截干促萌的效果

萌枝数量随着外源激素 IAA 和 6-BA 用量增加呈现出先增加后减小的变化规律，萌枝生长量随着外源激素 IAA 用量的增加呈先增加后减小的变化规律、随 6-BA 用量增加呈现逐渐下降的趋势。从促萌效果来看，激素配施促进效果好于单施，激素间存在明显的交互效应。这说明外源激素 IAA、6-BA 浓度及其比例调控萌枝发生、生长，两者间交互作用更为重要。

综上所述，激素在截干促萌过程起重要调节作用，赤霉素及其调控的下游基因 1,3-β-葡聚糖酶发挥更为重要的调控作用。云南松遭遇截干干扰后，赤霉素降解基因表达显著下降引起 GA_3 含量显著增加，进而激活 GA 信号转导通路，提高下游基因 1,3-β-葡聚糖酶表达水平，激活胞间连丝中共质供应途径并重新建立茎和腋芽之间联系，从而驱动腋芽萌发和生长。激素 IAA、ZT 和 ABA 及其比值也参与萌枝发生、生长的网络调节过程，但其调控的具体途径还不十分清楚。云南松截干促萌激素调控过程如图 6-1 所示。

截干后萌枝调控是一个极其复杂的激素网络调控过程，还有许多未知领域需要进一步探索。

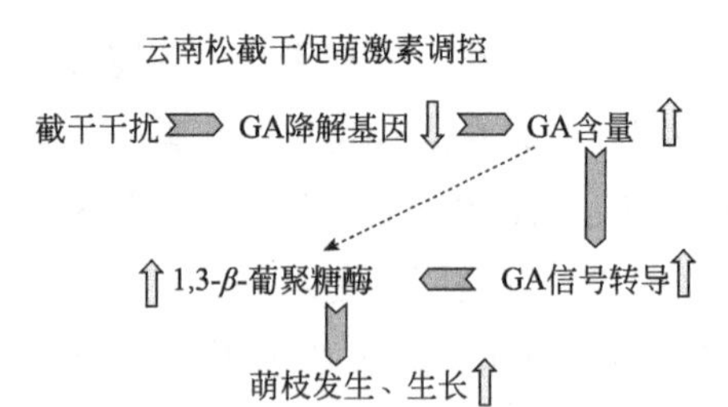

图6-1　云南松截干促萌激素调控过程示意

6.2　展望

本研究基于截干干扰条件下云南松萌枝能力的变化，利用生理学和转录组学，揭示云南松截干促萌的激素调控机制，期望为云南松采穗圃经营提供促萌关键技术和理论支撑。在研究中也发现一些问题值得深入研究和进一步揭示，如：

（1）内源激素的平衡参与分枝调控机理

（ZT+GA_3）、（IAA+ZT+GA_3）、GA_3/ABA、（ZT+GA_3）/ABA和（IAA+ZT+GA_3）/ABA与萌枝数量呈显著或极显著的正相关，内源激素动态平衡参与云南松萌枝发生的调控，其他树种研究也发现激素动态平衡参与植物分枝发育的调控。对于激素平衡调控分枝途径研究报道较少，其调控分枝途径尚不明确。内源激素动态平衡是通过信号转导途径发挥作用，还是编码可以在植物体内长距离运输的信号物质发挥作用，这些假设还需要进一步深入研究。

（2）激素合成代谢基因变化与激素含量定量关系

截干后，激素合成代谢基因表达发生变化，激素合成代谢基因变化又引起激素含量改变，这一点毋庸置疑。本研究中，调控同一激素合成、代谢基因表达既有上调，也有下调，上调或下调趋势没有明显规律，合成、代谢基因变化调节激素含量变化，但它们之间的定量关系暂时还未厘清。另一方面，云南松截干促萌和外源激素试验于2019年3月同时开始实施，当时云南松的激素和转录组数据尚未获得。参考其他外源激素喷施文献，采用IAA和6-BA两种在外源激素促萌中最为常见激素进行试验。外源GA_3喷施促萌试验尚未开展，其在分枝的作用在今后试验中继续进行验证。

（3）有效萌枝数量不足

有研究表明，云南松扦插穗条长度以 5 ～ 7cm 左右有利于生根。云南松截干后产生的萌枝数量较多，但萌枝生长量分化较大，多数萌枝长度不足 5cm，可以用于扦插的有效萌枝数量略显不足。萌枝生长与母株营养状况、母树根系和土壤营养储存密切相关。截干后应及时加强肥水管控，促进萌条快速生长。

虽说模式植物分枝调控的分子机制及信号传递途中涉及基因间的相互关系逐渐明朗。由于植物分枝调控是内因和外因共同调控结果，内因主要是激素调控，激素在调节腋芽的激活和生长中的作用仍然存在分歧，特别是赤霉素（GA）的作用仍不十分清楚。赤霉素在促进细胞伸长和细胞分裂、种子萌发和调节生殖生长的作用而广为人知，但它在分枝中的作用很少被阐述。在菊花、水稻、番茄和草坪草等植物中，赤霉素水平与分枝形成呈负相关。与此相反，一些研究表明 GA 促进分枝，如麻风树、杂交杨树。因此，GA 在植物分枝调控中的作用仍然存在争议和分歧。同时，物种间遗传和逆境响应机制上也存在很大差异，分枝调控模式也可能不同。植物分枝调控网络还有许多未知领域有待于进一步探索。

参考文献

白双成，姜准，张增悦，等，2020. 中国沙棘平茬萌蘖能力对内源激素的响应 [J]. 西南林业大学学报（自然科学），40（3）: 82–87.

蔡年辉，李根前，陆元昌，2006. 云南松纯林近自然化改造的探讨 [J]. 西北林学院学报，21（4）: 85–88.

蔡年辉，李亚麒，许玉兰，等，2019. 云南松幼苗生物量分配的家系效应 [J]. 西部林业科学，48（3）: 34–40.

蔡年辉，唐军荣，车凤仙，等，2022. 平茬高度对云南松苗木碳氮磷化学计量特征的影响 [J]. 生态学杂志，41（5）: 849–857.

曹钟允，2020. 银杏复干发育及其转录组调控 [D]. 泰安：山东农业大学 .

曹子林，2019. 中国沙棘平茬萌蘖内源激素调控的分子机制 [D]. 北京：北京林业大学 .

车凤仙，邓桂香，赵航文，等，2017. 云南松扦插繁育试验 [J]. 福建林业科技，44（4）: 97–101.

陈贝贝，2016. 中国沙棘克隆生长的脱落酸调节机制 [D]. 昆明：西南林业大学 .

陈婵，王光军，赵月，等，2016. 会同杉木器官间 C、N、P 化学计量比的季节动态与异速生长关系 [J]. 生态学报，36（23）: 7614–7623.

陈飞，王健敏，孙宝刚，等，2012. 云南松的地理分布与气候关系 [J]. 林业科学研究，25（2）: 163–168.

陈广辉，杨红旗，张守攻，等，2007. 修剪和生长调节剂对青海云杉苗芽生长发育的影响 [J]. 林业科学研究,（3）: 375–380.

陈甲瑞，王小兰，2021. 藏东南高山松异速生长关系的海拔差异性 [J]. 湖南农业科学,（2）: 29–32.

陈剑，杨文忠，张珊珊，等，2021. 基于林分关键指标的云南省云南松地理分布格局 [J]. 西部林业科学，50（1）: 19–26.

陈乾，黄霞，江登辉，等，2020. 遮阴对福建柏苗期生长及生物量的影响 [J]. 福建农林大学学报（自然科学版），49（6）: 796–802.

陈强，常恩福，董福美，等，2000. 云南松天然优良林分疏伐营建母树林的研究 [J]. 云南林业科技（03）: 1–8.

陈琴，蓝肖，黄开勇，等，2021. 杉木采穗圃建立与扦插育苗技术研究 [J]. 广西林业科学，50（2）: 177–181.

陈旋，胡颖，孙明升，等，2021. 外源调节物质对铅胁迫下格木幼苗生理特性的影响 [J]. 林业科学，57（2）: 39–48.

陈子牛，周建洪，2001. 弥勒县石灰岩山地的野生观赏植物资源 [J]. 云南林业科技,（2）: 24–28.

程淑婉，姜紫荣，杨伦，1987. 杉木萌芽中内源细胞分裂素的分离鉴定 [J]. 林业科学，23（1）: 79–84.

党承林，1998. 植物群落的冗余结构——对生态系统稳定性的一种解释 [J]. 生态学报，(06): 103-110.
德永军，刘启嵘，王晓军，等，2021. 连续平茬对沙柳生长影响的研究 [J]. 内蒙古农业大学学报（自然科学版），42（1）: 23-27.
邓桂香，李江，雷玮，等，2010. 不同处理对思茅松采穗母株萌条数量及扦插成活率的影响 [J]. 西部林业科学，39（4）: 74-78.
邓喜庆，皇宝林，温庆忠，等，2014. 云南松林资源动态研究 [J]. 自然资源学报，29（8）: 1411-1419.
丁国华，程淑婉，叶镜中，1996. 杉木不同季节采伐伐桩萌芽的内源激素动态 [J]. 福建林学院学报，16（2）: 109-113.
丁国华，叶镜中，1995. 采伐季节对杉木伐桩休眠芽萌发的影响 [J]. 南京林业大学学报（自然科学版），19(2): 51-54.
董雪，2013. 沙冬青平茬技术及刈割后生理生化特性研究 [D]. 呼和浩特：内蒙古农业大学.
独肖艳，焦润安，焦健，等，2020. 河西走廊不同生态型芦苇种群生殖分株的生物量分配与异速生长 [J]. 东北林业大学学报，48（6）: 36-41.
杜丹丹，2021. 平茬对杜仲幼苗及腋芽生长调节的机理研究 [D]. 哈尔滨：东北林业大学.
段旭，赵洋毅，2015. 云南松扦插繁殖技术试验 [J]. 种子，34（1）: 114-116.
方升佐，徐锡增，吕士行，等，2000. 杨树萌芽更新及持续生产力 [J]. 南京林业大学学报，24（4）: 43-48.
方舒，2018. 不同激素处理对辣木生长及饲料价值的影响 [D]. 广州：华南农业大学.
冯文静，高巍，刘红恩，等，2021. 植物生长调节剂促进小麦幼苗生长及降低镉吸收转运的研究 [J]. 河南农业大学学报，55（6）: 54-62.
洑香香，方升佐，汪红卫，等，2001. 青檀一年生播种苗的年生长规律 [J]. 南京林业大学学报（自然科学版），25（6）: 11-14.
付作琴，吕茂奎，李晓杰，等，2019. 武夷山不同海拔黄山松新叶和老叶氮磷化学计量特征 [J]. 生态学杂志，38（3）: 648-654.
高成杰，崔凯，张春华，等，2020. 干旱胁迫对不同种源云南松幼苗生物量与根系形态的影响 [J]. 西北林学院学报，35（3）: 9-16.
高成杰，缪迎春，李瑾，等，2021. 不同种源云南松种子发芽性状与幼苗早期生长 [J]. 东北林业大学学报，49（8）: 1-5.
高健，程淑婉，夏民洲，等，1994. 杉木伐桩休眠芽萌发时的内源激素状况 [J]. 林业科学研究，（5）: 550-554.
高健，刘令峰，叶镜中，1995. 伐桩粗度和高度对杉木萌芽更新的影响 [J]. 安徽农业大学学报，22（2）: 145-149.
高凯，朱铁霞，刘辉，等，2017. 去除顶端优势对菊芋器官 C、N、P 化学计量特征的影响 [J]. 生态学报，7（12）: 4142-4148.

高年春，曹荣祥，邵和平，等，2006. 杂交朱顶红促成栽培试验 [J]. 江苏农业科学，(1): 82-84.
高茜茜，2018. 晚松扦插生根机理及其采穗圃管理研究 [D]. 南昌：江西农业大学 .
高义，戈立人，李尹，等，1984. 云南松优树选择及其子代的初步观察 [J]. 云南大学学报 (自然科学版)，(1): 91-98.
高誉衡，谭发超，王慷林，等，2021. 微波辐射和截根对华山松苗木生长的影响 [J]. 扬州大学学报 (农业与生命科学版)，42 (3): 122-128.
耿兵，赵东晓，董亚茹，等，2020. 不同平茬高度对杂交桑树苗木生长的影响 [J]. 山东农业科学，52 (7): 128-130.
顾大形，陈双林，郭子武，等，2011. 四季竹立竹地上现存生物量分配及其与构件因子关系 [J]. 林业科学研究，24 (4): 495-499.
顾晓华，2021. 远红光通过激素信号调控番茄侧枝发育的机制研究 [D]. 杭州：浙江大学 .
郭月峰，卜繁靖，祁伟，等，2021. 内蒙古砒砂岩区沙棘生理特征对平茬的响应 [J]. 扬州大学学报 (农业与生命科学)，42 (2): 129-134.
何德鑫，李志刚，赵丽梅，等，2020. 大豆不育系内源激素及基因表达与衰老的关系 [J]. 大豆科学，39 (2): 205-211.
何富强，1994. 云南松无性系种子园建园的方法和技术 [J]. 云南林业科技，(1): 1-5.
何怀江，叶尔江·拜克吐尔汉，张春雨，等，2016. 吉林蛟河针阔混交林 12 个树种生物量分配规律 [J]. 北京林业大学学报，38 (4): 53-62.
何志瑞，赵小琴，何登宁，等，2016. 子午岭林区美国竹柳引种及平茬更新代次对生长的影响 [J]. 林业科技通讯，(12): 16-18.
贺爱华，2015. 银荆树与车桑子混交造林技术 [J]. 绿色科技，(5): 66-67.
洪菊生，王豁然，1991. 世界林木遗传、育种和改良的研究进展与动向 [J]. 世界林业研究，(3): 7-11.
侯潇渫，安毅鹏，次仁多吉，等，2020. 不同平茬高度对银白杨苗木生长的影响 [J]. 高原农业，4 (2): 157-161.
胡勐鸿，张宋智，马建伟，等，2012. 摘芽处理对川西云杉采穗母树生长和穗条产量与质量的影响 [J]. 东北林业大学学报，40 (3): 8-10.
胡文杰，庞宏东，杜克兵，等，2020. 不同截干高度对枫香穗条质量的影响 [J]. 林业科技通讯，(2): 49-51.
黄怀青，1998. 毛竹林采伐技术问题的探讨 [J]. 林业勘察设计，(2): 68-70.
黄开勇，2016. 杉木种子园衰退母树截干后的生理响应及其复壮效应 [D]. 北京：中国林业科学研究院 .
黄利斌，马文明，段雅红，等，1998. 杉木无性系采穗母株药剂处理促萌试验 [J]. 江苏林业科技，25 (2): 19-21.
黄世能，郑海水，翁启杰，1995. 不同轮伐期和重复采收对大叶相思萌芽更新和林分产量的影响 [J]. 林业科学研究，(5): 528-534.

黄世能，1990. 不同伐桩直径及高度对马占相思萌芽更新影响的研究 [J]. 林业科学研究，(3): 242-249.
黄树荣，谢燕燕，陈双林，等，2020. 毛竹林叶片碳氮磷化学计量特征的海拔梯度效应 [J]. 竹子学报，39 (1): 73-78.
黄小波，2016. 云南松天然次生林生态化学计量学研究 [D]. 北京：中国林业科学研究院 .
吉生丽，聂恺宏，邹旭，等，2018. 脱落酸对中国沙棘克隆生长调控机制的研究 [J]. 西南林业大学学报 (自然科学)，38 (3): 57-62.
吉生丽，2019. 中国沙棘萌蘖能力对平茬高度响应的生物量分配机制 [D]. 昆明：西南林业大学 .
吉小敏，宁虎森，梁继业，等，2016. 典型荒漠与绿洲过渡带人工梭梭林平茬复壮试验研究 [J]. 中南林业科技大学学报，36 (12): 37-43.
江洪，林鸿荣，1984. 云南松异速生长现象的初步研究 [J]. 林业科学，20 (1): 80-83.
姜汉侨，1984. 关于云南松研究的若干问题 [J]. 云南大学学报 (自然科学版)，(1): 1-5.
姜慧新，沈益新，翟桂玉，等，2009. 施磷对紫花苜蓿分枝生长及产草量的影响 [J]. 草地学报，17 (5): 588-592.
蒋家淡，2001. 巨尾桉二代萌芽更新合理采伐季节的确定 [J]. 林业科技开发，(3): 18-20.
金振洲，彭鉴，2004. 云南松 [M]. 昆明：云南科技出版社，1-66.
荆涛，马万里，Joni Kujansuu，等，2002. 水曲柳萌芽更新的研究 [J]. 北京林业大学学报，(4): 12-15.
鞠剑峰，2002. 赤霉素及低温对芹菜种子萌芽出苗的影响 [J]. 种子世界，(3): 34-36.
来端，2001. 火炬松、湿地松和马尾松采穗圃营建技术 [J]. 福建林学院学报，21 (2): 165-168.
赖文胜，2001. 长序榆一年生播种苗的年生长规律 [J]. 南京林业大学学报 (自然科学版)，25(4): 57-60.
黎正英，丘立杭，闫海锋，等，2021. 外源赤霉素信号对甘蔗分蘖及其内源激素的影响 [J]. 热带作物学报，42 (10): 2942-2951.
李宝财，梁文汇，蓝金宣，等，2021. 不同沙土配比基质对岗松幼苗根系形态及营养吸收的影响 [J]. 广西林业科学，50 (2): 157-163.
李春俭，1995. 植物激素在顶端优势中的作用 [J]. 植物生理学通讯，31 (6): 401-406.
李根秋，安珍，2014. 采伐季节对沙柳平茬后再萌生能力的影响 [J]. 林业机械与木工设备，42 (12): 31-33.
李金航，周玫，朱济友，等，2020. 黄栌幼苗根系构型对土壤养分胁迫环境的适应性研究 [J]. 北京林业大学学报，42 (3): 65-72.
李景文，刘世英，王清海，等，2000. 三江平原低山丘陵区水曲柳无性更新研究 [J]. 植物研究，(2): 215-220.
李景文，聂绍荃，安滨河，2005. 东北东部林区次生林主要阔叶树种的萌芽更新规律 [J]. 林业科学，(6): 75-80.
李俊楠，王文娜，谢玲芝，等，2014. 去叶对水曲柳和落叶松苗木当年生长及细根动态的影响 [J].

植物生态学报，38（10）：1082–1092.
李丽俊，梁宗锁，魏宇昆，等，2001. 土壤干旱胁迫下沙棘休眠、萌芽期内源激素变化及外源GA3的调节[J]. 西北林学院学报，16（2）：10–14.
李茜，曹扬，彭守璋，等，2017. 子午岭林区两种天然次生林叶片C、N、P化学计量特征的季节变化[J]. 水土保持学报，31（6）：319–325.
李秋元，孟德顺，1993. Logistic曲线的性质及其在植物生长分析中的应用[J]. 西北林学院学报，8（3）：81–86.
李甜江，李根前，徐德兵，等，2010. 中国沙棘克隆生长对灌水强度的响应[J]. 生态学报，30（24）：6952–6960.
李甜江，李允菲，田涛，等，2011. 中国沙棘平茬萌蘖种群的生物量动态[J]. 云南大学学报（自然科学版），33（02）：224–231.
李甜江，2008. 木本植物中国沙棘克隆生长对外源激素的响应[D]. 昆明：西南林学院.
李婷婷，2011. 湿地松采穗圃管理及无性繁殖方法的研究初探[D]. 武汉：华中农业大学.
李鑫，李昆，段安安，等，2019. 不同地理种源云南松幼苗生物量分配及其异速生长[J]. 北京林业大学学报，41（4）：41–50.
李学娟，2005. 弥渡县云南松无性系种子园现状及发展对策[J]. 林业调查规划，（3）：118–122.
李亚麒，陈诗，孙继伟，等，2020. 2年生云南松苗木分级与生物量分配关系研究[J]. 西南林业大学学报，40（5）：25–31.
李亚麒，聂恺宏，王军民，等，2019. 云南松苗木分化对生物量分配的影响[J]. 山西农业大学学报（自然科学版），39（5）：41–45.
李亚麒，孙继伟，李江飞，等，2021. 云南松不同家系苗木生物量分配及其异速生长[J]. 北京林业大学学报，43（8）：18–28.
李勇，2019. 杉木优良无性系采穗圃复壮技术[J]. 福建林业科技，46（3）：35–41.
梁坤南，2007. 柚木无性系促萌与采穗圃营建技术[D]. 北京：中国林业科学研究院.
梁小春，姜仪民，吴道念，2018. 擎天树采穗母株促萌初探[J]. 花卉，（8）：153–154.
廖东，刘小利，乔维范，等，2019. 高原核桃采穗圃营建技术试验[J]. 青海大学学报，37（3）：34–40.
林武星，叶功富，黄金瑞，等，1996. 杉木萌芽更新原理及技术述评[J]. 福建林业科技，23（2）：19–23.
林阳，王世忠，于欣，2019. 截干高度对乌苏里鼠李枝条萌发效果的影响[J]. 防护林科技，（9）：1–3+7.
刘代亿，2009. 云南松优良家系及优良个体早期选择研究[D]. 昆明：西南林学院.
刘国谦，张俊宝，2008. 柠条的开发利用及草粉加工饲喂技术[J]. 草业科学，20（7）：26.
刘敬灶，2021. 不同截干高度多穗柯枝构型比较[J]. 福建林业科技，48（3）：37–40+45.
刘均利，郭洪英，陈炙，等，2011. 麻风树茎段组织培养研究[J]. 四川林业科技，32（3）：23–31.
刘俊雁，董廷发，2020. 云南松形态和叶片碳氮磷化学计量及其海拔变化特征[J]. 生态学杂志，

39 (1): 139-145.
刘立波，孟庆彬，张志环，等，2012. 平茬对胡枝子萌生枝条生长及产量的影响 [J]. 林业科技开发，26 (4): 123-126.
刘思禹，2018. 不同留茬高度对柠条锦鸡儿生理生态特性影响的研究 [D]. 呼和浩特：内蒙古农业大学 .
刘涛，2007. 水稻 SLR-Like2 在赤霉素 20- 氧化酶基因反馈调控中的作用研究 [D]. 北京：北京大学 .
刘向鸿，席忠诚，2015. 平茬更新代次对中华红叶杨苗木生长的影响 [J]. 林业科技通讯，(10): 25-28.
刘杨，王强盛，丁艳锋，等，2009. 水稻休眠分蘖芽萌发过程中内源激素水平的变化 [J]. 作物学报，35 (2): 356-362.
刘振湘，李荣生，邹文涛，等，2020. 不同截干高度下米老排促萌效果 [J]. 林业与环境科学，36 (1): 42-46.
刘志芳，尹强，王慧，等，2016. 平茬处理对油蒿群落冠层结构的影响 [J]. 内蒙古林业科技，42 (4): 24-26.
刘志龙，2010. 麻栎炭用林种源选择与关键培育技术研究 [D]. 南京：南京林业大学 .
龙伟，姚小华，吕乐燕，等，2019. 油茶采穗圃树体截干对穗条性状的影响 [J]. 江西农业大学学报，41 (2): 289-299.
陆邦义，何可权，2018. 马尾松采穗圃营建与管理 [J]. 农业与技术，38 (3): 81-83.
路超，聂佩显，安淼，等，2019. 喷施植物生长调节剂对矮砧苹果幼树分枝特性及新梢内源激素含量的影响 [J]. 陕西农业科学，65 (3): 72-75.
吕仕洪，黄甫昭，曾丹娟，等，2015. 石漠化地区先锋树种茶条木伐桩的萌蘖特性 [J]. 南京林业大学学报 (自然科学版)，39 (3): 65-70.
吕天星，姜孝军，王颖达，2015. 不同措施促进苹果幼苗分枝的效果 [J]. 北方园艺，(19): 36-38.
吕享，2018. 杜鹃兰假鳞茎串“分枝”发育机制研究 [D]. 贵阳：贵州大学 .
马常耕，1994. 世界松类无性系林业发展策略和现状 [J]. 世界林业研究，(2): 11-18.
马锡权，梁日高，刘一贞，等，2016. 改善湿加松采穗母株产量和质量的技术措施 [J]. 林业科技通讯，(5): 42-44.
满源，2019. 辽东地区林下刺五加与辽东楤木可持续利用技术研究 [D]. 沈阳：沈阳农业大学 .
孟云，马少锋，邵建柱，等，2012. 不同时期涂抹 KT-30 乳液对苹果幼树发枝的影响 [J]. 北方园艺，(12): 9-12.
苗迎权，闫兴富，杜茜，等，2015. 不同年龄和平茬处理辽东栎幼苗的萌生能力 [J]. 福建林业科技，42 (4): 6-12+22.
倪德祥，邓志龙，1992. 植物激素对基因表达的调控 [J]. 植物生理学通讯，(6): 461-466.
倪军，2015. 赤霉素对小桐子侧芽生长的调控 [D]. 合肥：中国科学技术大学 .
聂恺宏，吉生丽，邹旭，等，2018. 中国沙棘平茬萌蘖动态及其对种群结构的影响 [J]. 云南大学学报（自然科学版），40（4）: 804–813.
欧阳菁，2012. 晚松萌蘖机理及扦插技术研究 [D]. 南昌：江西农业大学 .
潘洁琳，2018. 杉木采穗母树根基季节性萌发特征及调控措施研究 [D]. 福州：福建农林大学 .
丘立杭，罗含敏，陈荣发，等，2018. 基于 RNA–Seq 的甘蔗主茎和分蘖茎转录组建立及初步分析 [J]. 基因组学与应用生物学，37（3）: 1271–1279.
冉洁，赵杨，肖枫，2018. 不同栽培措施下火炬松穗条产量的变化 [J]. 亚热带植物科学，47（3）: 281–285.
荣俊冬，凡莉莉，陈礼光，等，2020. 不同施氮模式和施氮量对福建柏幼苗生物量分配和根系生长的影响 [J]. 林业科学，56（7）: 175–184.
邵琪锋，2020. 修剪和外源物质对辽东楤木矮化及侧枝生长的影响 [D]. 哈尔滨：东北农业大学 .
沈云，石前，覃贵才，等，2013. 两种肥料与采穗母株剪顶高度对尾巨桉穗条的影响 [J]. 广西林业科学，42（1）: 77–80.
石松利，王迎春，周健华，等，2011. 盐分生境下长叶红砂和红砂内源激素含量及其生境差异性 [J]. 应用生态学报，22（2）: 350–356.
史绍林，2020. 红松营养生长与生殖生长转换中植物激素动态研究 [D]. 哈尔滨：东北林业大学 .
舒筱武，郑畹，冯弦，1998. 云南松种源、林分和家系苗高生长的遗传变异研究 [J]. 云南林业科技，（2）: 2–6.
宋炳煌，2009. 植物生态生理学 [M]. 呼和浩特：内蒙古大学出版社：35–36.
宋佳媚，2020. 低温胁迫下锌对水稻分蘖生长及恢复的影响 [D]. 哈尔滨：东北林业大学 .
苏谦，安冬，王库，2008. 植物激素的受体和诱导基因 [J]. 物生理学通讯，44（6）: 1202–1208.
孙明升，胡颖，陈旋，等，2020. 外源调节物质对干旱胁迫下格木幼苗生理特性的影响 [J]. 林业科学，56（10）: 165–172.
孙淑敏，霍强强，李高潮，等，2018. 不同植物生长调节剂对苹果苗木分枝及生长特性的影响 [J]. 西北农林科技大学学报（自然科学版），46（5）: 125–130.
孙淑敏，2016. 不同植物生长调节剂对苹果苗木分枝与成花的影响 [D]. 杨凌：西北农林科技大学 .
孙怡婷，刘福云，马娟娟，等，2021. 环丙酸酰胺对一年生苹果苗木生长与分枝特性的影响 [J]. 果树学报，38（9）: 1468–1478.
唐红燕，付玉嫔，李思广，等，2012. 思茅松促萌及扦插试验 [J]. 西部林业科学，41（4）: 75–78.
唐兴玉，陵军成，2017. 多年生花棒林不同平茬高度对死亡率和生长量的影响 [J]. 河北林业科技，（3）: 8–10.
田登娟，白双成，聂恺宏，等，2021. 平茬高度对中国沙棘萌枝能力及非结构性碳水化合物积累与分配的影响 [J]. 西北植物学报，41（4）: 0627–0634.
田怀凤，马军，叶迎，等，2020. 猪场废水施用对直播稻磷素吸收利用与氮磷生态化学计量的影响 [J]. 生态学杂志，39（5）: 1558–1565.
田晓萍，2008. 杉木萌芽更新的研究 [D]. 福州：福建农林大学 .
田野，刘文文，方升佐，2012. 平茬更新代次对杞柳生长及柳条产量和质量的影响 [J]. 南京林业大学学报（自然科学版），36（2）：86-90.
汪安琳，程淑婉，1982. 杉木萌芽中内源激素的研究 [J]. 南京林产工业学院学报，（2）：21-28.
汪丽娜，2017. 厚朴平茬后生长生理特性及药用成分变化规律的研究 [D]. 北京：中国林业科学研究院.
汪梦婷，陈诗，蔡年辉，等，2019a. 云南松苗木构件生物量的分配及其预估模型构建 [J]. 西部林业科学，48（2）：121-126.
汪梦婷，孙继伟，李亚麒，等，2020. 不同苗龄云南松各器官生物量的分配特征研究 [J]. 西南林业大学学报，40（3）：46-51.
汪梦婷，王亚楠，董辉，等，2019b. 基于干型差异的云南松子代苗木生物量研究 [J]. 种子，38（5）：28-32.
王爱斌，孟红志，闫帅，等，2021. 环割和刻芽对‘红光 2 号’苹果 1 年生和 2 年生枝条萌芽特性的影响 [J]. 中国果树，（9）：11-14+20.
王斌，葛丰，代新，等，2012. 发枝素在梨树上的应用 [J]. 新农业，（9）：29-30.
王冰，李家洋，王永红，2006. 生长素调控植物株型形成的研究进展 [J]. 植物学通报，（5）：443-458.
王丹，李亚麒，孙继伟，等，2021. 不同家系云南松苗木生长的异速现象 [J]. 植物研究，41（6）：965-973.
王凡坤，薛珂，付为国，2019. 土壤氮磷状况对小麦叶片养分生态化学计量特征的影响 [J]. 中国生态农业学报，27（1）：60-71.
王改萍，2000. 杉木休眠芽萌发的氮素代谢和氮素营养研究 [J]. 林业科技开发，（6）：11-13.
王海芬，袁军伟，张海娥，等，2020. 不同刻芽处理对苹果枝条内源激素和发芽成枝的影响 [J]. 干旱地区农业研究，38（2）：150-157.
王杰，葛春妹，秦元柱，等，2020. 外源激素对杭白菊分枝及产量和品质的影响 [J]. 山东农业科学，52（8）：51-56.
王凯，雷虹，王宗琰，等，2019. 干旱胁迫下小叶锦鸡儿幼苗 C、N、P 分配规律及化学计量特征 [J]. 林业科学研究，32（4）：47-56.
王凯，沈潮，宋立宁，等，2020. 持续干旱下沙地樟子松幼苗 C、N、P 化学计量变化规律 [J]. 生态学杂志，39（7）：2175-2184.
王兰英，黄贤斌，魏本柱，等，2020. 不同截干处理对油茶低产林更新改造特征的影响 [J]. 南方林业科学，48（5）：18-23.
王磊，张劲峰，马建忠，等，2018. 云南松及其林分退化现状与生态系统功能研究进展 [J]. 西部林业科学，47（6）：121-130.
王林，2016. 柠条生物学特性及平茬复壮技术 [J]. 现代农业科技，（3）：199，202.
王鹏，牟溥，李云斌，2012. 植物根系养分捕获塑性与根竞争 [J]. 植物生态学报，36（11）：1184-1196.
王三根，2015. 植物抗性生物学 [M]. 重庆：西南师范大学出版社.

王绍强，于贵瑞，2008. 生态系统碳氮磷元素的生态化学计量学特征 [J]. 生态学报，28（8）: 3937–3947.
王田利，2020.‘早酥’梨截干促萌更新技术 [J]. 北方果树，（2）: 45+50.
王卫锋，2019. 烟草打顶诱导的腋芽转录组分析及相关基因功能研究 [D]. 北京：中国农业科学院.
王文娜，高国强，李俊楠，等，2018. 去叶对水曲柳苗木根系非结构性碳水化合物分配的影响 [J]. 应用生态学报，29（7）: 2315–2322.
王笑山，马常耕，寇金堂，等，1995. 日本落叶松整形修剪对插穗产量及生根率的影响 [J]. 林业科学，（2）: 116–124.
王兴静，2013. 植物生长调节剂对梨幼树萌芽抽枝效果的影响 [D]. 保定：河北农业大学.
王续富，郝龙飞，郝嘉鑫，等，2021. 模拟氮沉降和不同外生菌根真菌侵染对樟子松幼苗生长的影响 [J]. 植物研究，41（1）: 138–144.
王杨，徐文婷，熊高明，等，2017. 檵木生物量分配特征 [J]. 植物生态学报，41（1）: 105–114.
王艺霖，周玫，李苹，等，2017. 根系形态可塑性决定黄栌幼苗在瘠薄土壤中的适应对策 [J]. 北京林业大学学报，39（6）: 60–69.
王瑜，车凤仙，方芳，等，2021. 氮、磷叶面施肥对云南松苗木萌蘖的影响 [J]. 山西农业大学学报（自然科学版），41（6）: 41–48.
隗微，韩宝，刘阳，等，2017. 板栗‘短花云丰’雄花序发育期内源激素变化 [J]. 北京农学院学报，32（4）: 42–45.
魏怀东，纪永福，周兰萍，等，2007. 腾格里沙漠南缘 4 种沙生灌木平茬试验 [J]. 防护林科技，（6）: 1–3+11.
魏亚娟，汪季，党晓宏，等，2019. 沙生灌木平茬效应研究 [J]. 北方园艺，（6）: 116–124.
吴培衍，张金文，林滨滨，等，2019. 交趾黄檀采穗圃幼化技术 [J]. 防护林科技，（1）: 90–91.
吴培衍，张金文，王维辉，等，2020. 交趾黄檀采穗圃营建技术 [J]. 林业科技通讯，（1）: 67–69.
吴文景，梅辉坚，许静静，等，2020. 供磷水平及方式对杉木幼苗根系生长和磷利用效率的影响 [J]. 生态学报，40（6）: 2010–2018.
伍聚奎，周蛟，1988. 滇中云南松天然优良林分选择的方法及标准 [J]. 西南林学院学报，（1）: 1–10.
武维华，2018. 植物生理学 [M]. 北京：科学出版社.
肖祖飞，李凤，龙清鑫，等，2020. 伐桩高度对樟树及不同种源萌发特性的影响 [J]. 南昌工程学院学报，39（6）: 64–68.
邢磊，刘成功，李清河，等，2020. 基于白刺个体大小的生态化学计量模型 [J]. 应用生态学报，31（2）: 366–372.
徐军亮，竹磊，师志强，等，2021. 栓皮栎粗根和茎干中非结构性碳水化合物含量的调配关系 [J]. 林业科学，57（1）: 200–206.
徐肇友，陈焕伟，楚秀丽，等，2017. 红豆树截干时间和截干高度对穗条生长的影响 [J]. 江苏林业科技，44（04）: 13–17.

许俊旭，2015. 水稻分蘖芽萌发与休眠相互转换的激素调控和分子机制 [D]. 南京：南京农业大学.
许秀环，李婷婷，刘小宇，等，2014. 湿地松采穗圃修剪促萌技术研究初报 [J]. 湖北林业科技，43（5）：4–6.
许玉兰，蔡年辉，徐杨，等，2015. 云南松主分布区天然群体的遗传多样性及保护单元的构建 [J]. 林业科学研究，28（6）：883–891.
许智宏，薛红卫，2012. 植物激素作用的分子机理 [M]. 上海：上海科学技术出版社.
宣景宏，王有彬，杜国栋，2015.‘栋寒富’苹果苗木促发分枝技术研究 [J]. 北方果树，（4）：4–7+9.
薛达，薛立，2001. 日本中部风景林凋落物量、养分归还量和养分利用效率的研究 [J]. 华南农业大学学报，22（1）：23–26.
闫帅，徐锴，袁继存，等，2017. 刻芽及涂抹发枝素对早酥梨芽体内源激素的影响 [J]. 中国南方果树，46（1）：20–23.
杨保国，曾莉，黄旭光，等，2021. 柚木人工林伐桩萌芽更新规律研究 [J]. 广西林业科学，50（4）：403–407.
杨彪生，单立山，马静，等，2021. 红砂幼苗生长及根系形态特征对干旱 – 复水的响应 [J]. 干旱区研究，38（2）：469–478.
杨海文，王宽邦，吕才忠，等，2004. 赤霉素在针叶树育苗中的应用 [J]. 青海农林科枝，3：77–78.
杨洁，2013. 植物激素与烟草腋芽生长的关系及其调控研究 [D]. 长沙：湖南农业大学.
杨丽丽，陈展，赵艳卓，等，2019. 植物信号转导对‘夏黑’葡萄冬芽休眠解除的调控 [J]. 分子植物育种，18（5）：1–13.
杨清平，陈双林，郭子武，等，2021. 摘花和打顶措施对毛竹林下多花黄精块茎生物量积累特征的影响 [J]. 南京林业大学学报（自然科学版），45（2）：165–170.
杨文君，李莲芳，鲍雪纤，等，2017. 不同地径截干对旱冬瓜枝条萌发与穗条产量的影响 [J]. 河南农业科学，46（2）：96–99.
杨文君，李莲芳，吴俊多，等，2018. 不同基质与激素组合对云南松穗条扦插生根的影响 [J]. 广西林业科学，47（1）：52–57.
杨旭，杨志玲，汪丽娜，2017. 平茬更新代次及生长年限对厚朴生长和药用有效成分含量的影响 [J]. 林业科学，53（1）：47–53.
叶镜中，姜志林，1989. 杉木休眠芽生物学特性的研究 [J]. 南京林业大学学报（自然科学版），（1）：50–53.
叶镜中，2007. 杉木萌芽更新 [J]. 南京林业大学学报（自然科学版），31（2）：1–4.
易青春，张文辉，唐德瑞，等，2013. 采伐次数对栓皮栎伐桩萌苗生长的影响 [J]. 西北农林科技大学学报（自然科学版），41（4）：147–154+160.
尹大川，祁金玉，2021. 褐环乳牛肝菌对樟子松生长的调控—影响激素和代谢产物含量 [J]. 菌物学报，40（10）：2811–2820.
于文涛，2016. 平茬措施对柠条生理特征及土壤理化性质的影响 [D]. 杨凌：西北农林科技大学.

俞新妥，1997. 杉木栽培学 [M]. 福州：福建科学技术出版社 .
袁进成，刘颖慧，2007. 高等植物侧芽、侧枝的发生及调控 [J]. 河北北方学院学报（自然科学版），（5）：18-23.
张国林，2018. 不同刻芽处理对文冠果芽内源激素含量及平衡的影响 [J]. 防护林科技，（5）：18-19+57.
张海娜，2011. 柠条锦鸡儿平茬后补偿生长的生理生态机制 [D]. 兰州：甘肃农业大学 .
张慧，郭卫红，杨秀清，等，2016. 麻栎种源林叶片碳、氮、磷化学计量特征的变异 [J] 应用生态学报，27（7）：2225-2230.
张吉玲，李明阳，李勇，等，2021. 机械损伤处理杉木无性系萌蘖及内源激素含量差异 [J]. 南京林业大学学报（自然科学版），45（2）：153-158.
张丽，贾志国，马庆华，等，2015. 盐碱胁迫对平欧杂种榛生长及叶片内源激素含量的影响 [J]. 林业科学研究，28（3）：394-401.
张培，庞圣江，贾宏炎，等，2021. 林窗面积对桉树林分内格木生长、形态及生物量分配的影响 [J]. 西北农林科技大学学报（自然科学版），49（5）：40-46.
张全军，2015. 砂梨二次花发生的生理特征及基因表达谱分析 [D]. 南京：南京农业大学 .
张锁科，马晖玲，2015. 激素调控草地早熟禾分蘖及品种间分蘖力比较研究 [J]. 草地学报，23（2）：316-321.
张薇，王文俊，李莲芳，等，2015. 施肥及喷施 B-Y2 和 IBA 对云南松苗木芽萌发和穗条产量的影响 [J]. 西南林业大学学报，35（6）：66-71.
张显强，2016. 米老排人工林萌芽更新研究 [D]. 南宁：广西大学 .
张艳华，杨光耀，黎祖尧，等，2017. 厚竹新竹发育过程中母竹内源激素的动态变化 [J]. 江西农业大学学报，39（4）：731-738.
张耀雄，2015. 不同栽培技术对芳香樟穗条产量的影响 [J]. 亚热带植物科学，44（1）：52-55.
张玉琦，苏欣，尤志强，等，2021. 不同激素处理对白桦幼树萌条及三萜合成的影响 [J]. 植物研究，42（2）：289-298.
张元帅，孙百友，闵现东，等，2015. 合欢幼苗截干当年萌条生长量与截干高度、米干径相关规律研究 [J]. 山东林业科技，45（3）：50-52.
张泽宁，李芳，郭彩云，等，2020. 中国沙棘伐桩萌枝能力对平茬高度的响应 [J]. 西南林业大学学报（自然科学），40（6）：34-39.
张志松，2017. 马尾松枝干萌发及其利用技术 [J]. 安徽林业科技，43（6）：42-45.
章树文，1980. 花旗松实生苗平搓插穗的生产、繁殖和新梢伸长 [J]. 陕西林业科技，（4）：82-85.
赵姣，章志海，张海燕，等，2019. 6-BA 对樟树矮林萌芽更新特性和精油产量的影响 [J]. 南昌工程学院学报，38（6）：45-49.
赵姣，章志海，张杰，等，2020. 林木矮林萌芽更新的影响因素研究 [J]. 安徽农业科学，48（7）：27-29.
赵俊波，贾平，唐红燕，2020. 湿加松采穗圃营建技术 [J]. 山东林业科技，50（3）：52-55.

赵敏冲，2009. 云南松扦插繁殖研究 [D]. 昆明：西南林学院 .
赵霞，2005. 水曲柳休眠芽及不定芽促萌研究和扦插繁殖 [D]. 哈尔滨：东北林业大学 .
郑士光，贾黎明，庞琪伟，等，2010. 平茬对柠条林地根系数量和分布的影响 [J]. 北京林业大学学报，32（3）: 64–69.
郑鑫华，刘国良，段华超，等，2021. 不同平茬高度对树头菜生长状况的影响 [J]. 江苏农业科学，49（4）: 104–110.
郑颖，2021. 截干对落叶松种子园母树枝条萌发效果的影响 [J]. 林业科技通讯，（8）: 60–63.
中国森林编辑委员会，1999. 中国森林（第 2 卷）[M]. 北京：中国林业出版社.
周安佩，刘东玉，纵丹，等，2014. 滇杨侧芽不同季节内源激素含量变化动态 [J]. 林业科学研究，27（1）: 113–119.
朱光权，杜国坚，吴永丰，等，2004. 马褂木等优良菇木树种萌芽更新技术研究 [J]. 浙江林业科技，（3）: 2–8.
朱李奎，2019. 截干幼化促进银杏叶片类黄酮积累的研究 [D]. 扬州：扬州大学 .
朱万泽，王金锡，罗成荣，等，2007. 森林萌生更新研究进展 [J]. 林业科学，43（9）: 74–82.
朱小坤，2019. 马尾松短枝腋芽休眠解除的发育进程及转录组学分析 [D]. 贵阳：贵州大学 .
朱亚艳，徐嘉娟，杨冰，等，2019. 马尾松针叶基潜伏芽萌发过程中内源激素的变化研究 [J]. 贵州林业科技，47（2）: 1–5.
朱亚艳，杨冰，徐嘉娟，等，2018. 不同因素对马尾松针叶基潜伏芽萌发的影响 [J]. 贵州农业科学，46（8）: 32–34.
朱之悌，1986. 树木的无性繁殖与无性系育种 [J]. 林业科学，（3）: 280–290.
祝乐，许晨阳，耿增超，等，2020. 秦岭 3 种天然林细根分布特征及其与土壤理化性质的关系 [J]. 林业科学，56（2）: 24–31.
庄倩，王庆成，宋瑞清，2008. 美洲椴根桩萌芽促进技术的研究 [J]. 林业科技，33（4）: 14–16.
邹松言，李豆豆，汪金松，等，2019. 毛白杨幼林细根对梯度土壤水分的响应 [J]. 林业科学，55（10）: 124–137.
邹旭，2018. 中国沙棘平茬萌蘖特征的基因表达差异 [D]. 昆明：西南林业大学 .
Alexa A，Rahnenfuhrer J，2007. Gene set enrichment analysis with topGO[J]. encyclopedia of systems biology.
Assuero S G，Tognetti J A，2010. Tillering regulaton by endogenous and environmental factors and its agricultural management[J]. The Americas Journal of Plant Science & Biotechnology，4（1）: 35–48.
Bangerth F，Li C J，Gruber J，2000. Mutual interaction of auxin and cytokinins in regulating correlative dominance[J]. Plant Growth Regulation，32: 205–217.
Barbier F F，Dun E A，Kerr S C，et al，2019. An update on the signals controlling shoot branching[J]. Trends in Plant Science，24（3），220–236.
Bellingham P J，Sparrow A D，2000. Resprouting as a life history strategy in woody

plant communities[J]. Oikos, 89 (2): 409–416.

Beveridge C A, Symons G M, Turnbull S C G N, 2000. Auxin inhibition of decapitation-induced branching is dependent on graft-transmissible signals regulated by genes Rms1 and Rms2[J]. Plant Physiology, 123 (2): 689–697.

Beveridge C A, Weller J L, Singer S R, et al, 2003. Axillary meristem development budding relationships between networks controlling flowering, branching, and photoperiod responsiveness[J]. Plant Physiology, 131 (3): 927–934.

Bloom A J, Chapin F S III, Mooney H A, 1985. Resource limitation in plants-an economic analogy[J]. Annual Review of Ecology and Systematics, 16 (1): 363–392.

Bond W J, Midgley J J, 2001. Ecology of sprouting in woody plants : the persistence niche. Trends in Ecology and Evolution[J]. Trends in Ecology & Evolution, 16 (1): 45–51.

Braun N, de Germain A, Pillot J P, et al, 2012. The pea TCP transcription factor PsBRC1 acts downstream of strigolactones to control shoot branching[J]. Plant physiology, 158 (1): 225–238.

Chapin F S, 1991. Integrated responses of plants to stress : a centralized system of physiological responses[J]. BioScience, 41 (1): 29–36.

Chen S, Zhou Y, Chen Y, et al, 2018. fastp : an ultra-fast all-in-one FASTQ preprocessor[J].Cold Spring Harbor Laboratory, (17): 884–890.

Chmura D J, Guzicka M, Rożkowski R, et al, 2017. Allometry varies among related families of Norway spruce[J]. Annals of Forest Science, 74: 36.

Clarke P J, Lawes M J, Midgley J J, et al, 2013. Resprouting as a key functional trait : how buds, protection and resources drive persistence after fire[J]. New Phytologist, 197 (1): 19–35.

Cobb S W, Miller A E, Zahner R, 1985. Recurrent shoot flushes in scarlet oak stump sprouts[J]. Forest Science, 31 (3): 725–730.

Corot A, Roman Hanaé, Douillet O, et al, 2017. Cytokinins and abscisic acid act antagonistically in the regulation of the bud outgrowth pattern by light intensity[J]. Frontiers in Plant Science, 8: 1724.

Del Tredici P, 1992. Natural regeneration of Ginkgo biloba from downward growing cotyledonary buds (basal chichi) [J]. American Journal of Botany, 79 (5): 522–530.

Delgado-Baquerizo M, Reich P B, Garcia-Palacios P, et al, 2016. Biogeographic bases for a shift in crop C : N : P stoichiometries during domestication[J]. Ecology Letters, 19 (5): 564–575.

Depuydt S, Hardtke C S, 2011. Hormone signalling crosstalk in plant growth regulation[J]. Current Biology, 21 (9): 365–373.

Domagalska M A. and Leyser O, 2011. Signal integration in the control of shoot branching [J]. Nature Reviews Molecular Cell Biology, 12 (4): 211–221.

Dybzinski R, Farrior C, Wolf A, et al, 2011. Evolutionarily stable strategy carbon allocation to foliage, wood, and fine roots in trees competing for light and nitrogen : an analytically tractable, individual-based model and quantitative comparisons to data[J]. The American Naturalist, 177 (2): 153–166.

Elser J J, Bracken M E S, Cleland E E, et al, 2007. Global analysis of nitrogen and phosphorus limitation of primary producers in freshwater, marine and terrestrial ecosystems.[J]. Ecology Letters, 10 (12): 1135–1142.

Elser J J, Fagan W F, Denno R F, et al, 2000. Nutritional constraints in terrestrial and freshwater food webs[J]. Nature, 408 (6812): 578–580.

Enquist B J, Niklas K J, 2002. Global allocation rules for patterns of biomass partitioning in seed plants[J]. Science, 295 (5559): 1517–1520.

Fang Z, Ji Y, Hu J, et al, 2020. Strigolactones and brassinosteroids antagonistically regulate the stability of the D53–OsBZR1 complex to determine *FC1* expression in rice tillering[J]. Molecular Plant, 13 (4): 586–597.

Ferraz Filho A C, Scolforo J R S, Mola–Yudego B, 2014. The coppice–with–standards silvicultural system as applied to *Eucalyptus* plantations–a review[J]. Jounral of Forestry Research, 25 (2): 237–248.

García M N M, Stritzler M, Capiati D A, 2014. Heterologous expression of *Arabidopsis ABF4* gene in potato enhances tuberization through ABA–GA crosstalk regulation[J]. Planta, 239 (3): 615–631.

Gonz á lez–Grandío E, Pajoro A, Franco–Zorrilla J M, et al, 2016. Abscisic acid signaling is controlled by a *BRANCHED1/HD–ZIP I* cascade in *Arabidopsis* axillary buds[J]. Proceedings of the National Academy of Sciences of the United States of America, 114 (2): 245–254.

Gurvich D E, Enrico L, Cingolani A M, 2005. Linking plant functional traits with post–fire sprouting vigour in woody species in central *Argentina*[J]. Austral Ecology, 30 (8): 868–875.

Güsewell S. N, 2004. P ratios in terrestrial plants : Variation and functional significance[J]. New Phytologist, 164: 243–266.

Haines R J, Walker S M, Copley T R, 1993. Morphology and rooting of shoots developing in response to decapitation and pruning of Caribbeanpine[J]. New Forests, 7: 133–141.

Hillman J R, Math V B, Medlow G C, 1977. Apical dominance and the levels of indole acetic acid in *Phaseolus* lateral buds[J]. Planta, 134 (2): 191–193.

Hytönen J, Issakainenb J, 2001. Effect of repeated harvesting on biomass production and sprouting of *Betula pubescens*[J]. Biomass and Bioenergy, 20 (4): 237–245.

Ito A, Yaegaki H, Hayama H, et al, 1999. Bending shoots stimulates flowering and influences hormone levels in lateral buds of Japanese pear[J]. Horticultural Science, 34 (7): 1224–1228.

Ito S, Yamagami D, Umehara M, et al, 2017. Regulation of strigolactone biosynthesis by gibberellin signaling[J]. Plant Physiology, 174 (2): 1250–1259.

Jin L, Gu Y, Yang T M, et al, 2021. Relationships between allometric patterns of the submerged macrophyte *Vallisneria natans*, its stoichiometric characteristics, and the water exchange rate[J]. Ecological Indicators, 131: 108120.

Jung H W, Lee J Y, 2008. Physical treatments influencing lateral shoot development in one-year-old 'Fuji' /M.9 nursery apple trees[J]. Horticulture Environment and Biotechnology, 49 (5): 265–270.

Katyayini N U, Rinne P L H, Tarkowská D, et al, 2020. Dual role of gibberellin in perennial shoot branching: inhibition and activation[J]. Frontiers in Plant Science, 11: 736.

Kebrom T H, Spielmeyer W, Finnegan E J, 2013. Grasses provide new insights into regulation of shoot branching[J]. Trends in Plant Science, 18 (1): 41–48.

Keyser T L, Zarnoch S J, 2014. Stump sprout dynamics in response to reductions in stand density for nine upland hardwood species in the southern Appalachian Mountains[J]. Forest Ecology and Management, 319: 29–35.

Kim D, Langmead B, Salzberg S L, 2015. HISAT: A fast spliced aligner with low memory requirements[J]. Nature Methods, 12 (4): 357–360.

Knapp B O, Olson M G, Dey D C, 2017. Early stump sprout development after two levels of harvest in a midwestern bottomland Hardwood Forest[J]. Forest Science, 63 (4): 377–387.

Koerselman W, Meuleman A F M, 1996. The vegetation N : P ratio: a new tool to detect the nature of nutrient limitation[J]. Journal of Applied Ecology, 33: 1441–1450.

Krabel D, Eschrich W, Wirth S, et al, 1993. Callase- (1,3-β-d-glucanase) activity during spring reactivation in deciduous trees[J]. Plant Science, 93 (1–2): 19–23.

Lambers H, Oliveira R S, 1998. Plant physiological ecology[M]. New York: Springer.

Leitão A L, Enguita F J, 2016. Gibberellins in *Penicillium* strains: challenges for endophyte–plant host interactions under salinity stress[J]. Microbiological Research, 183: 8–18.

Levy A, Epel B L, 2009. Cytology of the (1–3) -β-Glucan (Callose) in plasmodesmata and sieve plate pores[M]. In Chemistry, Biochemistry, and Biology of 1–3 Beta Glucans and Related Polysaccharides: 439–463.

Levy A, Erlanger M, Rosenthal M, et al, 2007. A plasmodesmata-associated β-1, 3-glucanase in *Arabidopsis*[J]. Plant Journal, 49: 669–682.

Li C J, Bangerth F, 1999. Autoinhibition of indoleacetic acid transport in the shoots of two-branched pea (*Pisum sativum*) plants and its relationship to correlative dominance[J]. Physiology Plantarum, 106 (4): 415–420.

Li X, Mo X, Shou H, et al, 2006. Cytokinin-mediated cell cycling arrest of pericycle founder cells in lateral root initiation of *Arabidopsis*[J]. Plant and Cell Physiology, 47 (8): 1112–1123.

Liu J, Mehdi S, Topping J, et al, 2013. Interaction of PLS and PIN and hormonal crosstalk in *Arabidopsis* root development[J]. Forntiers in plant science, 4 (2): 75.

Liu Y, Will R E, Tauer C G, 2011a. Gene level responses of shortleaf pine and loblolly pine to top removal[J]. Tree Genetics and Genomes, 7 (5): 969–986.

Liu Y, Xu J, Ding Y, et al, 2011b. Auxin inhibits the outgrowth of tiller buds in rice (Oryza sativa L.) by downregulating OsIPT expression and cytokinin biosynthesis in nodes[J]. Australian Journal of Crop Science, 5 (2): 169–174.

Livak K J, Schmittgen T D, 2001. Analysis of relative gene expression data using real-time quantitative PCR and the 2 (-Delta Delta C (T)) Method[J]. Methods, 25 (4): 402–408.

Lockhart B R, Chambers J L, 2007. Cherrybark oak stump sprout survival and development five years following plantation thinning in the lower Mississippi alluvial valley, USA[J]. New Forest, 33 (2): 183–192.

Love M I, Huber W, Anders S, 2014. Moderated estimateon of fold change and dispelson for RNA-sep data with DESeq2[J]. Genome Biology, 15 (12): 550.

Lu Z, Zhu L, Lu J, et al, 2022. Rejuvenation increases leaf biomass and flavonoid accumulation in Ginkgo biloba[J]. Horticulture Research, 9: 1–18.

Lv X, Zhang M S, Wu Y Q, et al, 2017. The roles of auxin in regulating "Shoot Branching" of *Cremastra appendiculata*[J]. Journal of Plant Growth Regulation, 36 (2): 281–289.

Mader J C, Turnbull C G N, Emery R J N, 2003. Transport and metabolism of xylem cytokinins during lateral bud release in decapitated chickpea (*Cicer arietinum*) seedlings[J]. Physiologia Plantarum, 117 (1): 118–129.

Martinez-Bello L, Moritz T, López-Díaz I, 2015. Silencing C19-GA 2-oxidases induces parthenocarpic development and inhibits lateral branching in tomato plants[J]. Journal of Experimental Botany, 66 (19): 5897–5910.

McConnaughay K D M, Coleman J S, 1999. Biomass allocation in plants : Ontogeny or optimality? A test along three resource gradients[J]. Ecology, 80 (8): 2581–2593.

Moreira B, Tormo J, Pausas J G, 2012. To resprout or not to resprout : factors driving intraspecific variability in resprouting[J]. Oikos, 121 (10): 1577–1584.

Mornya P M P, Cheng F, 2013. Seasonal changes in endogenous hormone and sugar contents during bud dormancy in tree peony[J]. Journal of Applied Horticulture, 15 (3): 159–165.

Mortazavi A, Willams B A, McCue K, et al, 2008. Mapping and quantifying mammalian transcriptomes by RNA–Seq[J]. Naure Methods, 5 (7): 621–628.

Müller D, Leyser O, 2011. Auxin, cytokinin and the control of shoot branching[J]. Annals of Botany, 107 (7): 1203–1212.

Neke K S, Owen–Smith N, Witkowski E T F, 2006. Comparative resprouting response of Savanna woody plant species following harvesting the value of persistence[J]. Forest Ecology and Management, 232 (1–3): 114–123.

Ni J, Gao C, Chen M, et al, 2015. Gibberellin promotes shoot branching in the perennial woody plant *Jatropha curcas*[J]. Plant and Cell Physiology, 56 (8): 1655–1666.

Niklas K J, Enquist B J, 2002. Canonical rules for plant organ biomass partitioning and annual allocation[J]. American Journal Botany, 89 (5): 812– 819.

Niklas K J, 2004. Plant allometry : is there a grand unifying theory?[J]. Biological Reviews, 79 (4): 871–889.

O' Hara K L, Berrill J P, 2010. Dynamics of coast redwood sprout clump development in variable light environments[J]. Journal of Forest Research, 15 (2): 131–139.

Ohri P, Bhardwaj R, Bali S, et al, 2015. The common molecular players in plant hormone crosstalk and signaling[J]. Current Protein and Peptide Science, 16 (5): 369–388.

Olsen J E, Junttila O, Moritz T, 1997. Long–day induced bud break in Salix pentandra is associated with transiently elevated levels of GA_1 and gradual increase in indole–3 acetic acid[J]. Plant and Cell Physiology, 38 (5): 536–540.

Ono T, Koike H, Tamai H, et al, 2001. Effects of pruning, bud removal and benzyladenine application on branch development of two–year–old apple nursery trees on dwarfing rootstocks[J]. Journal of the Japanese Society for Horticultural Science, 70 (5): 602–606.

Ono T, Tamai H, Maejima T, et al, 2005. Effects of repeated benzyladenine spraying on branch development of apple nursery trees on M. 9 rootstocks[J]. Horticultural Research (Japan), 4 (2): 165–170.

Ostonen I, Lohmus K, Helmisaari H S, et al, 2007. Fine root morphological adaptations in Scots pine, Norway spruce and silver birch along a latitudinal gradient in boreal forests[J]. Tree Physiology, 27 (11): 1627–1634.

Ouyang S, Gessler A, Saurer M, et al, 2021. Root carbon and nutrient homeostasis determines downy oak sapling survival and recovery from drought[J]. Tree Physiology, 41: 1401–1412.

Paige K N, Whitham T G, 1987. Overcompensation in response to mammalian herbivory : the advantage of being eaten[J]. American Naturalist, 129 (3): 407–416.

Phillips I D J, 1975. Apical Dominance[J]. Annual Review of Plant Physiology, 26 (1): 341–367.

Poorter H, Niklas K J, Reich P B, et al, 2012. Biomass allocation to leaves, stems and roots : meta–analyses of interspecific variation and environment control[J]. New Phytologist, 193 (1): 30–50.

Poorter, Jagodzinski A M, Ruiz–Peinado R, et al, 2015. How does biomass distribution change with size and differ among species? An analysis for 1200 plant species from five continents[J]. New Phytologist, 208 (3): 736–749.

Qi Y C, Ma L, Wang F F, et al, 2012. Identification and characterization of differentially expressed genes from tobacco roots after decapitation[J]. Acta Physiologiae Plantarum, 34 (2): 479–493.

Rameau C, Bertheloot J, Leduc N, et al, 2015. Multiple pathways regulate shoot branching[J]. Frontiers in Plant Science, 5: 741.

Randall C K, Duryea M L, Vince S W, et al, 2005. Factors influencing stump sprouting by pondcypress (Taxodium distichum var. nutans (Ait.) Sweet) [J]. New Forests, 29: 245–260.

Rinne P L H, Welling A, Vahala J, et al, 2011. Chilling of dormant buds hyperinduces *FLOWERING LOCUS T* and recruits GA–inducible 1, 3–beta–glucanases to reopen signal conduits and release dormancy in *Populus*.[J]. Plant Cell, 23 (1): 130–146.

Rinne P L H, Kaikuranta P M, van der Schoot C, 2001. The shoot apical meristem restores its symplasmic organization during chilling–induced release from dormancy[J]. Plant Journal, 26 (3): 249–264.

Rinne P L H, Paul L K, Vahala J, et al, 2016. Axillary buds are dwarfed shoots that tightly regulate GA pathway and GA–inducible 1, 3–β–glucanase genes during branching in hybrid aspen[J]. Journal of Experimental Botany, 67 (21): 5975–5991.

Rinne P L H, Boogaard R, Mensink M G J, et al, 2005. Tobacco plants respond to the constitutive expression of the tospovirus movement protein NS (M) with a heat–reversible sealing of plasmodesmata that impairs development[J]. The Plant Journal, 43 (5): 688–707.

Rinne P L H, Schoot C, 2003. Plasmodesmata at the crossroads between development, dormancy, and defense[J]. Canadian Journal of Botany, 81 (12): 1182–1197.

Roberts A G, Oparka K J, 2003. Plasmodesmata and the control of symplastic transport[J]. Plant Cell and Environment, 26 (1): 103–124.

Ross S D, 1975. Notes : production, propagation, and shoot elongation of cuttings from sheared 1–year–old Douglas–fir seedlings[J]. Forest Science, 21 (3): 298–300.

Roumeliotis E, Visser R G F, Bachem C W B, 2012. A crosstalk of auxin and GA during tuber development[J]. Plant Signaling & Behavior, 7 (10): 1360–1363.

Ruonala R, Rinne P L H, Kangasjärvi J, et al, 2008. CENL1 expression in the rib meristem affects stem elongation and the transition to dormancy in *Populus*[J]. Plant Cell, 20 (1): 59–74.

Sablowski R, 2011. Plant stem cell niches : from signalling to execution[J]. Current Opinion in Plant Biology, 14 (1): 4–9.

Sehrouelling T, 2002. New insights into the functions of cytokinins in plant development[J]. Journal of Plant Growth Regulation, 21 (1): 40–49.

Sen B R, 1966. Statistic of crop response to fertilizer[J]. Rome, 95–103.

Shi B, Zhang C, Tian C, et al, 2016. Two–step regulation of a meristematic cell population acting in shoot branching in Arabidopsis[J]. PLoS Genetics, 12 (7): e1006168.

Shimizu–Sato S, Tanaka M, Mori H, 2009. Auxin–cytokinin interactions in the control of shoot branching[J]. Plant Molecular Biology, 69, 429–435.

Sterner R W, Elser J J, 2002. Ecological stoichiometry : The biology of elements from molecules to the biosphere[M]. Princeton : Princeton University Press.

Strong T, 1989. Rotation length and repeated harvesting influence *Populus* coppice production[R]. USDA Forest Service : Research Note NC–350, North Central Forest Experiment Station.

Sundareshwar P V, Morris J T, Koepfler E K, et al, 2003. Phosphorus Limitation of Coastal Ecosystem Processe[J].Science, 299 (5606): 563–565.

Tan M, Li G, Chen X, et al, 2019. Role of cytokinin, strigolactone, and auxin export on outgrowth of axillary buds in apple[J]. Frontiers in Plant Science, 10: 616.

Tanaka M, Takei K, Kojima M, et al, 2006. Auxin controls local cytokinin biosynthesis in the nodal stem in apical dominance[J]. Plant Journal, 45 (6): 1028–1036.

Thorne G N, 1962. Survival of tillers and distribution of dry matter between ears and shoots of barley varieties[J]. Annals of Botany, 26: 37–54.

Tinashe G C, Philip B B, 2019. Christine A B. Initial bud outgrowth occurs independent of auxin flow out of buds[J]. Plant physiology, 179 (1): 55–65.

Ueguchi–Tanaka M, Ashikari M, Nakajima M, et al, 2005. Gibberellin insensitive *DWARF1* encodes a soluble receptor for gibberellin.[J]. Nature, 437 (7059): 693–698.

Vidal A M, Ben–Cheikh W, Talón M, et al, 2003. Regulation of gibberellin 20–oxidase gene expression and gibberellin content in citrus by temperature and citrus exocortis viroid[J]. Planta, 217 (3): 442–448.

Waldie T, Hayward A, Beveridge C A, 2010. Axillary bud outgrowth in herbaceous shoots : how do strigolactones fit into the picture?[J]. Plant Molecular Biology, 73 (s1–2): 27–36.

Wan X C, Landhausser S M, Lieffers V J, et al, 2006. Signals controlling root suckering and adventitious shoot formation in aspen (*Populus tremuloides*) [J]. Tree Physiology, 26 (5): 681–687.

Wang J, Tian C, Zhang C, et al, 2017. Cytokinin signaling activates *WUSCHEL* expression during axillary meristem initiation[J]. Plant Cell, 29 (6): 1373–1387.

Wang M, Le Moigne M A, Bertheloot J, et al, 2019. BRANCHED1: A key hub of shoot branching[J]. Frontiers in Plant Science, 10: 76.

Wang Y, Li J, 2011. Branching in rice[J]. Current Opinion in Plant Biology, 14 (1): 94–99.

Ward, J S, Williams S C, 2018. Effect of tree diameter, canopy position, age, and browsing on stump sprouting in Southern New England[J]. Forest Science, 64 (4): 452–460.

Warton D I, Duursma R A, Falster D S, et al, 2012. SMATR 3 – an R package for estimation and inference about allometric lines [J]. Methods in Ecology & Evolution, 3 (2): 257–259.

Warton D I, Wright I J, Falster D S, et al, 2006. Bivariate line–fitting methods for allometry[J]. Biological Reviews, 81: 259–291.

Weemstra M, Zambrano J, Allen D, et al, 2021. Tree growth increases through opposing aboveand belowground resource strategies[J]. Journal of Ecology, 109(10): 3502–3512.

Wu R, Wang T, Warren B, et al, 2017. Kiwifruit SVP2 gene prevents premature budbreak during dormancy[J]. Journal of Experimental Botany, 68 (5): 1071–1082.

Xie C, Mao X, Huang J, et al, 2011. KOBAS 2.0: a web server for annotation and identification of enriched pathways and diseases[J]. Nucleic Acids Research, 39 (S2): 316–322.

Yang Y H, Luo Y Q, 2011. Isometric biomass partitioning pattern in forest ecosystems : evidence from temporal observations during stand development[J]. Journal of Ecology, 99 (2): 431–437.

Yu Q, Wu H, He N, et al, 2012. Testing the growth rate hypothesis in vascular plants with above– and below–ground biomass[J]. PLoS ONE, 7: e32162.

Zawaski C, Busov V B, 2014. Roles of gibberellin catabolism and signaling in growth and physiological response to drought and short–day photoperiods in Populus trees[J]. PLoS One, 9 (1): e86217.

Zhang L, Xu W H, Ouyang Z Y, et al, 2014. Determination of priority nature conservation areas and human disturbances in the Yangtze River Basin, China[J]. Journal for Nature Conservation, 22 (4): 326-336.

Zhang Q Q, Wang J G, Wang L F, et al, 2020. Gibberellin repression of axillary bud formation in *Arabidopsis* by modulation of DELLA-SPL9 complex activity[J]. Journal of Integrative Plant Biology, 62 (4): 421-432.

Zhang R, Zhou Z, Wang Y, et al, 2019. Seedling growth and nutrition responses of two subtropical tree species to NH_4^+-N and NO_3-N deposition[J]. New Forests, 50: 755-769.

Zhao Y, Hull A K, Gupta N R, et al, 2002. Trp-dependent auxin biosynthesis in Arabidopsis : involvement of cytochrome P450s *CYP79B2* and *CYP79B3*[J]. Genes & Development, 16 (23): 3100-3112.

Zheng C, Halaly T, Acheampong A K, et al, 2015. Abscisic acid (ABA) regulates grape bud dormancy, and dormancy release stimuli may act through modification of ABA metabolism[J]. Journal of Experimental Botany, 66 (5): 1527-1542.

Zhu W Z, Wang S G, Yu D Z, et al, 2014. Elevational patterns of endogenous hormones and their relation to resprouting ability of *Quercus aquifolioides* plants on the eastern edge of the Tibetan Plateau[J]. Trees, 28 (2): 359-372.

Zhu W Z, Xiang J S, Wang S G, et al, 2012. Resprouting ability and mobile carbohydrate reserves in an oak shrubland decline with increasing elevation on the eastern edge of the Qinghai-Tibet Plateau[J]. Forest Ecology and Management, 278: 118-126.